U0459209

● 民族文字出版专项资金资助项目

土蜂养殖技术

GAT SHANG REM HPAJI

郭云胶 龚济达 著

Ka ai: Go Yun Kyau Gong Kyi Da

董麻桑 译

Gale ai: Zinghtung Ma Sam

德宏民族出版社

SAKHKUNG AMYU LAIKA SHAPRO DAP

组合式多功能土蜂大棚
Zahpo la ai asung lo shang ai gat shang ginsim

标准蜂群
Gaja ai lagat hpung

蜂种
Gat li

不同发育阶段的幼虫和蛹
Hkum galon n bung ai lado na
gat but hte gat sha

蜂王自主越冬装置
Gat du nshung shalai hking

大棚里蜂王越冬室
Ginsim gata ko na gat du a nshung shalai gok

清洁卫生环境中越冬的蜂王
Sanseng ai shara ko nshung
shalai nga ai gat du

越冬状况的蜂王
Nshung shalai nga ai gat du

刚从越冬室爬出来的蜂王
Nshung shalai gok gata ko nna pru wa ai gat du

德宏师专坝竹河试验点越冬室里的蜂王
Sakhkung sara kolik jong Bazhu Hka chyam dinglik shara na nshung shalai gok gata na gat du

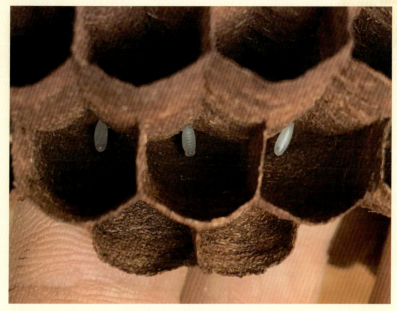

科研成果土蜂卵刚孵化的幼虫
Hpungtang hpaji sumru nsi gat shang

活职蜂
Bungli galo lagat jahkrung

木盒筑巢室
Hpun hte galo ai atsip gok

土蜂新型筑巢室
Pung ningnan ai gat shang atsip gok

土蜂筑巢室顶盖
Gat shang atsip gok magap

土蜂筑巢室底部
Gat shang atsip gok htumpa

诱导土蜂蜂王筑巢成为标准蜂群
Gat du hpe shalen atsip gok galo shangun nna gaja ai gat hpung rem shalat

土蜂筑巢室
Gat shang atsip gok

土蜂筑巢室内树皮
Gat shang atsip gok gata na hpun hpyi

土蜂筑巢内部结构
Gat shang atsip gok gata na hkrang

有卫生隐患的筑巢大棚
Sanseng lam hta aruk ai ginsim

倒吸式蜂笼
Gat htot nka

收集职蜂的工具蜂笼
Bungli galo ai lagat hpe lahkon gahkyin ai gat htot nka

防蜂服
Lagat htang palong

防蜂服
Lagat htang palong

取毒器

Lagat ningtuk sho ai hking rai

取最大土蜂蜂毒

Gaba dik htum ai gat shang ningtuk sho

研究所基地 2016 年最大土蜂蜂巢
2016 ning hta sumru dap na gaba htum ai gat shang atsip gok

巨大土蜂经济蜂群蜂饼
Gaba dik ai gat rai shatai lu ai gat shang gahkrok pa

纯化后的土蜂经济蜂群蜂蛹
Singda sai gat rai shatai lu ai gat sha

油炸蜂蛹
Gat sha gangau sha

炭烤蜂蛹
Gat sha ju sha

目　录

第一章　科学养殖土蜂的技术路线

科学养殖土蜂的技术主要包括：筛选蜂种技术，批量繁殖蜂王技术，培育标准蜂群技术，建大棚技术，做蜂王越冬室、筑巢室技术，取蜂蛹、取蜂毒技术，利用土蜂除虫技术等。

一、技术路线

对于山区农户来说实施科学养殖土蜂，主要是解决批量繁殖蜂王和批量培育标准蜂群的技术及其它相关技术，在多年实践的基础上我们总结出了技术路线，山区农户可以参考以下十二步技术路线，根据自己所在山区的地理环境和蜂种情况实施科学养殖土蜂项目，达到可持续增加收入的效果。

第一步： 准备优质野生雌雄蜂种。

第二步： 收集雌雄蜂。

第三步： 雌雄蜂交配。

第四步： 蜂王越冬。

第五步： 做筑巢室、建筑巢大棚，锻炼越冬蜂王。

第六步： 诱导越冬蜂王筑第一饼巢、产第一批卵、育第一批职蜂。

第七步： 诱导职蜂取食，培育初级蜂群。

第八步： 野外练职蜂，培育标准蜂群。

第九步： 野外山林养殖标准蜂群。

第十步：管理标准蜂群成为经济蜂群。

第十一步：科学取蜂毒、取蜂蛹。

第十二步：利用土蜂进行生物防治技术。

每一步都要注意大棚内外清洁卫生、注意预防病原微生物、病毒、天敌对蜂的危害；注意食物质量，所有食物要新鲜；注意外界气候快速变化时，大棚内温度、湿度等一定要保持相对恒定，或者变化不大；注意大棚内空气质量，空气要新鲜。

二、技术路线详解

第一步：准备优质野生雌雄蜂种。

就是收集当地优质野生土蜂蜂群，养殖到蜂群出现发情婚飞行为。方法：在每年的7、8、9月，在有经验的农户的带领下，穿防蜂服到山林中寻找长势非常旺盛的野生土蜂（蜂包大、蜂群旺、职蜂数量多的蜂群），在自己家附近的山林中养殖到蜂群出现发情婚飞行为。此过程的关键是将蜂种养殖在安全和容易取下的地方，并且在蜂群出现发情婚飞行为前一个月要大量提供雌雄蜂的幼虫发育所需要的三大类食物。一是蛋白质类食物。例如：各种昆虫、各种瘦肉；二是要大量提供能量类食物。例如：各种蜂蜜、糖水；三是要大量提供维生素类食物。例如：各种水果。以保证雌雄蜂发育健壮。

第二步：收集雌雄蜂。

准确判断土蜂蜂群的发情和婚飞行为，基本方法是：1. 在每年的10、11月，观察到蜂巢附近有大量的蜂相互追逐之时，穿防蜂服、带防蜂手套及所需要工具，在夜晚用小塑料袋堵住职蜂进出口，用编织袋套住整个蜂巢，再在编织袋外面套一层细软铁纱网，密封好，安全地将蜂巢从野外移到交配大棚内，解开细软铁纱网，取下编织袋，将蜂巢固定在交配大棚的横杠上，取下堵住职蜂进出口的小塑料袋，让职蜂、准蜂王、雄蜂自由进出。2. 用长的锯片从侧边呈半椭圆形锯开蜂巢，取出最下部蜂饼，将蜂饼上没有羽化（蒙头）的幼虫全部取出，然后将蜂饼放回蜂巢里，用竹签抬住固定好，最后把锯开的蜂巢用竹签或者细线固定密封到原来的位置。3. 观察职蜂、雌雄蜂在食物平台上取食蜂蜜、苹果、小昆虫、水的情况，观察雌雄蜂交配情况，观察职蜂取树皮密封蜂巢的情况，观察职蜂冲撞大棚细铁纱网掉落在地面死亡的情况，当天晚上及时将掉落在地面上的所有蜂收取放入75%的酒精里，做蜂毒喷液的原料。3. 夜晚，用倒吸式蜂笼对准蜂包上职蜂进出口拍打蜂巢，将50%的职蜂收入倒吸式蜂笼中，用来泡土蜂保健酒。此后大棚中基本上只留下雌雄蜂和一部分职蜂。用同样的方式，在交配大棚中放4-8个发情期的土蜂蜂巢。

此过程的关键是：1. 大棚内的各类食物必须干净新鲜，大棚必须保持通风、透气、氧气浓度高、透散射光，喂食工具必须保证干净，千万不能出现霉菌生长的现象，掉落在地上的职蜂、雄蜂、蜂蛹必须及时收取，放入装酒精的大塑料瓶中留做配制蜂毒喷液的原料。2. 必须根据自己所在地区的海拔、气候等环境因素和当地蜂群的特点，准确判断蜂群出现发情婚飞行为的时间。3. 必须保持30%左右的职蜂在交配大棚中，由这些职蜂喂养刚羽化出来的嫩雌雄蜂，必须将蜂巢内没有羽化的幼虫取出。

第三步：雌雄蜂交配。

交配大棚里，蜂巢中的雌雄蜂或者王饼上的羽化的雌雄蜂爬出蜂巢后，会取食蜂巢附近的蜂蜜、山泉水、苹果、瘦肉等食物，取食后又爬回蜂巢内，反复几次，雌雄蜂生长发育12天左右，到达发情期，几个蜂巢羽化出的雌雄蜂在交配大棚中阳光散射的一端自由交配，用小铲或者自己做的扇形小棍，将正在交配的雌雄蜂，成对地移入柱状交配越冬装置或者移入通道是交配越冬装置里，雌雄蜂交配时间一般在2分钟左右。这段时间要每天仔仔细细观察雌雄蜂交配情况，及时将交配过的雄蜂收集到酒瓶中泡酒，交配过的雌蜂成为蜂王，让蜂王自己或者人为辅助进入交配大棚里柱状交配越冬装置的越冬室，或者进入大棚另一端避光的越冬室里。

大棚雌雄蜂交配这个过程一般持续20天左右，如果用四窝非常旺的土蜂做蜂种，应该会有3000多只雌蜂和4000多只雄蜂。雌雄蜂交配时，会掉下来，撞在大棚的地面上，非常影响交配质量和蜂王质量，所以要在交配大棚的雌雄蜂交配空间四周高1米左右的高度放一层防护网，达到保护交配过程中的雌雄蜂的效果。

雌雄蜂交配过程的关键是：雌蜂必须避光安静喂养，雄蜂可以放在大棚里自由飞舞、自由取食，达到强壮雌雄蜂的效果；发情期的准蜂王会积极交配，雌雄蜂交配时间必须在5分钟以上，才能成为优质蜂王；在温度18—25度，阳光散射的环境条件下，发情期的雌雄蜂会积极交配，如果发现雌雄蜂一直交配不积极，或者交配一段时间后就不交配，说明交配大棚的温度、光照、透气等有问题，需要根据所在环境进行调整；雌雄蜂交配大棚的温度不能超过 30 度，超过 30 度雌雄蜂不交配，即使交配也会影响蜂王质量；交配后的蜂王要立即移入避光的越冬室内。

蜂包移入大棚时间过早，雌蜂没有发情，不给交配，需将雌蜂收集在一个木箱里避光喂养，雄蜂可以在大棚里喂养。蜂包移入大棚时间过晚，雌雄蜂飞出蜂包过多。

交配空间里蜂包多、雌雄蜂多、雌雄蜂分泌的各种激素多，空气质量会越来越差，所以必须保证交配空间空气流动和空气中的氧气含量。

交配空间里，新出的嫩雌蜂（准蜂王），会被老雄蜂不停地追赶，筋疲力尽，消耗雌蜂腹部储存的物质，交配后蜂王质量差。所以一定要把刚出的嫩处女蜂王与雄蜂分开喂养。

第四步：蜂王越冬。

交配后的质量好的蜂王，不再取食，自己会爬进放在交配大棚中遮光环境一端的枯树筒、木箱、纸筒等越冬室或者在大棚铁纱网的各个角落等处爬附不动，没有交配过的发情期蜂王，在白天会四处飞行或者爬行，温度低于 20 度时，蜂王会自己进入枯树筒越冬室爬附不动进入越冬状况，越冬环境温度高于 20 度，低于 0 度时，越冬蜂王会四处爬行。

海拔 1500 米以下地区，交配和越冬大棚用铁纱网、遮阳网、塑料布就可以搞定，海拔 1500 米以上地区，需要建复杂的组合式雌雄蜂交配越冬大棚。

蜂王越冬过程的关键是交配后的蜂王必须全部进入越冬室内越冬，越冬大棚内的温度必须保持在 5—20 度范围，最好在 15 度左右；越冬大棚内的湿度必须在 50%—80%；必须安静，保持一定的透气度。

第五步：做筑巢室、建筑巢大棚，锻练越冬蜂王。

在越冬大棚里越冬室内越冬的蜂王，经过11月、12月、1月、2月，几个月不吃不动的时间，一般在2月中下旬开始逐渐解除越冬状况。当观察到蜂王有爬出越冬室的行为后，立即在越冬室附近放野生蜂蜜和山泉水，蜂王取食蜂蜜和山泉水后又会爬进越冬室，这样重复2-3次，蜂王开始爬出越冬室在大棚里飞行，这就表明蜂王已经完全解除越冬状况了，这时可以在越冬室附近放苹果汁等维生素类营养，放蜂蜜等能量类营养，放夜食蜂、蜜蜂、嫩小蝗虫等小昆虫类蛋白质营养，观察到蜂王捕食小昆虫和取食苹果汁的行为后，将蜂王小心地移进筑巢室，再将筑巢室移入筑巢大棚里。

这个过程的关键是准确判断蜂王是否完全解除越冬状况，充分利用遮阳网尽量在散射光和20—25度环境内练蜂王，练蜂王的时间在3天左右，时间太长影响蜂王质量。一定要保证喂食工具、越冬室和越冬大棚环境的清洁卫生，保证没有病原微生物，保证食物新鲜。

第六步：诱导越冬蜂王筑第一饼巢、产第一批卵、育第一批职蜂。

将练好的蜂王从放注射器的孔放入筑巢室中，第一、二天通过筑巢室上的注射器投放蜂蜜、山泉水，第三、四天增加小蜜蜂、蝗虫、夜食蜂、新鲜瘦肉、苹果汁，第五、六天增加幼嫩蝗虫、苍蝇等小昆虫和新鲜瘦肉，蜂王取食蛋白质类食物的量越大筑巢产卵越快，这个过程不能小气，同时要每天清洗注射器等喂食工具。当观察到蜂王取树皮时，说明蜂王开始筑巢，当观察到蜂王取食后将食物团成一团，抬进入筑巢室，说明蜂王已经产卵并且一部分卵孵化成了幼虫，幼虫开始发育，根据蜂王将食物抬进筑巢室的速度，可以判断出幼虫的发育情况，从蜂王咬取树皮到第一只小职蜂羽化出来，最快需要40天左右。

蜂王筑巢的材料是杉木树皮、泡丝栎树皮等容易磨细粘合的树皮，蜂王筑巢不需要树浆，树浆主要是野生蜂王或者职蜂用来喂养初龄幼虫的食物。

这个过程的关键是给蜂王提供足够的食物，尽量满足蜂王对食物的需要；筑巢材料一定要绵而泡，容易咬取的有一定湿度的枯木和树皮。在德宏州以杉木树皮为主。如果蜂王在筑巢内10天都不筑巢，需速换筑巢室。

第七步：诱导职蜂取食，培育初级蜂群。

第一只职蜂羽化出来后，可以在筑巢室中增加投放青蛙肉、牛肉、蜻蜓、蟋蟀、金龟子、蝗虫等山区老百姓容易找到的含蛋白质类营养的食物和甘蔗水、酒烂苹果等含糖、含维生素营养的食物，因本能行为的作用，新职蜂积极取食这些食物、咬取树皮、并舔吸涂在筑巢室内部的泥土获得微量元素。随时间的推移，新职蜂不断增多，当观察到新职蜂负责取食喂养幼虫和筑新的蜂巢，蜂王不再出来取食取和筑巢材料时，说明蜂王开始专职产卵，这时一般有6个左右小职蜂，这样的蜂群就叫初级蜂群。

这个过程的关键是要将金龟子、蝗虫等昆虫人为撕烂，小职蜂才会捕食，同时保证蜂蜜和山泉水的供给，这过程的时间一般在8天左右，不能太长，必须保证注射器的干净。

第八步：野外练职蜂，培育标准蜂群。

将初级蜂群连同筑巢室移出大棚，放到附近的没有鸟等天敌的山林环境中，用镊子在细铁纱网上撑开两个只允许第一批小职蜂进出的圆形小孔，继续在注射器中投放蜂蜜，同时随时间推移，在距离筑巢室由近及远的地方，投放蜂蜜、小昆虫、瘦肉等食物，小职蜂爬出筑巢室，由近及远寻找食物，逐渐学会捕食森林中的其它小昆虫。随着时间的推移，筑巢室内的职蜂不断增加，蜂巢不断扩大，筑巢室中有卵、幼虫、蛹、职蜂、蜂王等不同发育阶段的虫态及两层蜂饼，蛹继续不断羽化，新职蜂数量继续增多，当职蜂数量达到 15 个左右时，成为可以完全放在野外养殖的标准蜂群。

这个过程的关键是练职蜂的环境一定要有小树林，最好有树汁，采取由近及远投放食物的方式，锻炼小职蜂爬出筑巢室，飞到野外寻找食物寻找筑巢材料和返回筑巢室的能力。这个过程一定要防止鸟、蝙蝠、老鼠等天敌捕食刚飞出筑巢室的小职蜂，防止蚂蚁因蜂蜜的原因进入筑巢室伤害里面的卵、幼虫、蛹和蜂王。

第九步：野外山林养殖标准蜂群。

在夜晚，待所有职蜂回到筑巢室后，用小塑料袋堵住铁纱网进出口，将所有职蜂、蜂王、蜂饼、幼虫、蛹连同筑巢室移到野外森林植被好的地方，将筑巢室和里面的蜂巢一同固定在山林中的木箱上，或者放在空心砖围成的空间里，再在筑巢室上面 1 米高处盖上挡雨和遮光的石棉瓦，取下堵住蜂巢进出口的塑料袋，让职蜂自由出进，飞到山林中捕食和取筑巢材料。

养殖在野外山林中的标准蜂群，随时间的推移，职蜂数量越来越多，捕食范围越来越大，蜂巢在木箱和空心砖里快速增大。

　　这个过程的关键是筑巢室和蜂巢一定要垂直，并且环境不能太热，不能让阳光直射，不要多次运输筑巢室，同时在运输过程中尽量减少颠簸。如果多次运输或者颠簸度大，标准蜂群内的卵、幼虫、蛹、蜂王都会受到影响，挂好养几天后会从蜂巢中掉落，就会看到职蜂抬出幼虫的现象，同时蛹也因为颠簸而死亡，不会羽化，蜂王会因此不继续产卵，挂到树上养殖的标准蜂群会弃巢跑掉或者会逐渐衰败。

　　长距离运输标准蜂群，中途喂养和减少颠簸非常重要，每天早上出发前、中午吃饭前、下午吃饭前都要喂一次蜂蜜、小昆虫和山泉水。尽量晚上运输，运输到养殖区域后，要人工喂养2天左右，再移到山林中养殖。

　　第十步：管理标准蜂群成为经济蜂群。

　　刚养殖在野外山林环境中的标准蜂群，小职蜂数量少，在外出捕食的过程中，白天会被黑卷尾等很多鸟类捕食，尤其是刚飞出筑巢室的小嫩职蜂，防这类鸟的方法是在养殖标准蜂群的附近，立几棵木桩，在木桩顶部放粘性很强的胶质体，可以粘住这些鸟，或者用弹弓射杀。此外在夜晚还会被蝙蝠在蜂巢边捕食，会被老鼠取食。

　　在有老鹰和黄鼠狼的地区，老鹰等大型鸟类和黄鼠狼会抓烂蜂巢取食蜂蛹。防老鹰和黄鼠狼的方法是在蜂巢室外加一层网眼大的胶笆网或者细铁纱网。

　　山林中的蚂蚁会因为蜂蜜和其它食物的因素，沿山林、支架等进入蜂巢取食幼虫、卵、蛹，对蜂群影响很大，所以还要要注意防蚂蚁。防蚂蚁的方法主要有：1.将纱布、塑料布等浸泡在废弃机油中，然后将其涂抹在放筑巢室的木箱底部周围。

随着蜂群的发展，职蜂数量越来越多，还要要注意周边人员的安全，要在距离养殖区域 100 米的地方挂警示牌。

第十一步：科学取蜂毒、取蜂蛹。

在 10 月中下旬，职蜂数量达 2000 只左右，木箱里蜂巢长到差不多有 20 厘米大时，观察到职蜂大量抬水进蜂巢时，穿防蜂服，戴防蜂手套，用工具刀、裁纸刀等打开木箱侧面，露出里面的蜂饼，先观察蜂饼的情况，沿上下蜂巢之间的缝隙，用长钢锯将最下面两饼小心锯掉，小心放在旁边，再逐次锯掉上面那几个几乎全部是蛹的蜂饼，取下这几个蜂饼，放在另一边，这几个蜂饼就是可以出售的蜂饼，一般第一次可取 20 斤左右。然后，将最先取下的最下面的那两个蜂饼，放回蜂巢内，从侧边插入细竹签抬住固定，再将木箱侧面重新安装在原来的部位固定，第二天职蜂就会把蜂巢修补好。以后每隔 23 天左右用同样的方法取一次蜂蛹，一般第二次取蜂蛹有 20 斤左右，第三次取蜂蛹有 20 斤左右，第四次取蜂蛹有 20 斤左右。

这个过程的关键是要保证蜂王不飞出蜂巢，要根据周围的食物情况，准确判断维持蜂群继续发展的职蜂数量。

第十二步：利用土蜂进行生物防治技术

土蜂以趴伏在森林中、农田里、果园中、蔬菜基地中等环境里的所有昆虫的幼虫和成虫产在这些环境里的卵及刚羽化出的幼嫩幼虫为食物，可以在这些环境里放养土蜂达到生物除虫，达到在不打农药的前提下，减少和彻底消除这些环境里的病虫害。

　　传统的用土蜂进行生物防治的方法是简单的把土蜂固定养殖在山林、农田、果园、蔬菜基地附近，这样做的主要问题是存在安全隐患，土蜂会攻击在这些环境里工作的人员。

　　为了解决这个安全隐患，推广利用土蜂生物除虫技术，广东互信生物科技公司和德宏师专食用药用昆虫研究所合作发明了多功能可移动土蜂养殖装置，发明了将土蜂养殖在可移动多功能养殖装置里的可移动土蜂食物除虫技术。就是将土蜂的标准蜂群养殖在这个可移动的装置里，平时这些装置和里面的蜂群养在山林里，其它山林、农田、果园、蔬菜基地等需要除虫时，在夜晚待所有职蜂回装置里的蜂巢后，封闭装置，将装置和里面的蜂群运输到需要除虫的山林、农田、果园、蔬菜基地养殖，这期间放装置里的土蜂在这些山林、农田、果园、蔬菜基地捕食害虫及害虫卵、幼嫩成虫，工作人员不进入这些环境，一个星期左右，这些环境里的害虫被捕食干净后，在夜间将装置运回山林继续养殖，工作人员进入山林、农田、果园、蔬菜基地。

第二章 多功能组合式大棚的技术要求

一、建雌雄蜂交配和筑巢的大棚

应选择附近有杂木林、溪流的山林向阳环境建繁殖蜂王、培育标准蜂群的基地。大棚规格可根据经济情况而定。

第一部分：大棚主体。 大棚主体是用不生锈的塑料细铁纱网围成的全封闭长方形铁纱网框，铁纱网框长 12 米，宽 3 米，高 2.6 米。主要功能是：雌雄蜂在这个框里交配，主要采用柱状交配越冬装置技术，防止蜂飞出去，防止老鼠偷吃蜂王，通风透气等。

第二部分：大棚外围。 大棚外围指的是围绕铁纱网框的空心砖口对外的空心砖墙，空心砖墙与全封闭长方形铁纱网框之间有间隔 70 厘米左右的环形通道，环绕长方形铁纱网框外周。长方形铁纱网框、空心砖墙的进出口门宽 1.5 米左右，用带吸铁的防虫网门最好。主要功能是：在外界温度变化时，在空心砖墙上套盖可卷起和放下的塑料薄膜和遮阳网（温度高时卷起来，温度低时放下，起到调节大棚内温度、透气度和遮风避雨的作用）。

第三部分：大棚顶部。 大棚顶部用 110 度左右人字形的石棉瓦或者彩钢瓦和可以透光的亮瓦交替盖顶。大棚顶部与铁纱网框高度间隔 60 厘米左右，石棉瓦或者彩钢瓦长出空心砖墙

40厘米左右，并且与空心砖墙高度间隔30厘米左右。整体可以是钢架或者竹木架结构。主要功能是：保证交配大棚里有散射光，防止中午太阳光直射和雨雪冰雹等。

第四部分：**大棚地面。**环绕空心砖墙基部外一米和整个大棚内部地板都用水泥地板，水泥地板中间高凸四周低矮，有利于排水。

技术要求：大棚整体要求通风透光，全天阳光散射，温度17—25度，自然湿度，10月——11月主要用于雌雄蜂交，3—5月主要用于诱导蜂王筑巢，培育标准蜂群。

大棚材料：石棉瓦、彩钢瓦、亮瓦、空心砖、塑料薄膜、遮阳网、防锈细铁纱网、纲架或者竹木架、木盒、树筒、竹筒、纸筒等各种筑巢室。

大棚内仪器：干湿计、温度计、食物平台、柱状交配越冬装置。

建雌雌雄蜂交配大棚的时间：蜂群出现婚飞现象前，在德宏州一般9月初建。

二、建蜂王越冬大棚

应选择阴凉潮湿的山谷坡地环境建蜂王越冬大棚。

蜂王越冬大棚的基本结构与雌雄蜂交配越冬大棚类似，不同之处有：一是围空心砖墙除1米高处的两层空心砖见空心砖孔外，其余全部不见空心砖的孔。二是全部用石棉瓦彩钢瓦盖顶，石棉瓦彩钢瓦与铁纱网和空心砖的高度间隔为30和20厘米。主要功能是低温、避光、静音、透气不通风。温度在5-18之间、湿度在75%左右。

第三章 筑巢室的基本结构

一、A型土蜂蜂王筑巢室基本做法（喂食区和筑巢区不分开）

第一步：准备六块木板，做成长、宽、高16厘米左右的木盒。

第二步：在木盒正面那块木板下端中部，开宽8厘米、高4厘米的方形口，用强力订书机（马钉枪）把细铁纱网订在方形口外部。在方形口细铁纱网最下部分，用铁丝剪开3个直径1.5厘米，用于放3个15毫升注射器的圆形孔。第一个注射器放蜂蜜，第二个放小昆虫，第三个放清水，也是放蜂王进筑巢室的进口。

第三步：在木盒正面两边的那两块木板上端中部，用电锯开一深2.5厘米、宽2.5厘米的凹槽，在凹槽中放直径2厘米左右的供蜂王筑巢挂蜂巢的树枝或者木棍，用泥土密封凹槽。

第四步：用强力订书机将杉木树皮、泡丝栎树皮等筑巢材料订在木盒内壁，用干净泥土密封各块木板之间的缝隙。

第五步：为了方便观察，木盒筑巢室最下面底层不用木板，用强力订书机将细铁纱网或者胶笆网订在木盒的最下面，密封筑巢室。

二、B 型土蜂蜂王筑巢室基本做法（喂食区和筑巢区分开）

第一步：准备六块木板，做成长、宽、高 16 厘米左右的木盒。

第二步：在木盒正面那块木板中部，用电钻开一个直径 2.5 厘米左右的圆孔，在圆孔周围罩一个直径 7 厘米左右，长 10 厘米左右用塑料胶笆、或者细铁纱网做的圆柱形或者喇叭形喂食区域。用铁丝剪开 3 个直径 1.5 厘米，用于放 3 个 15 毫升注射器的圆形孔。第一个注射器放蜂蜜，第二个放小昆虫，第三个放清水。将杉木树皮、泡丝栎树皮等筑巢材料固定在细铁纱网内壁，也是放蜂王进筑巢室的进口。

第三步：在木盒正面两边的那两块木板上端中部，用电锯开一深 2.5 厘米、宽 2.5 厘米的凹槽，在凹槽中放直径 2 厘米左右的供蜂王筑巢挂蜂巢的树枝或者木棍，用泥土密封凹槽。

第四步：用强力订书机将杉木树皮、泡丝栎树皮等筑巢材料订在木盒内壁，用泥土密封各块木板之间的缝隙。

第五步：为了方便观察，木盒筑巢室的底面不用木板，用强力订书机将细铁纱网或者塑料胶笆网订在木盒的最下面，封闭筑巢室。

蜂王筑巢室可以用树筒、竹筒、纸筒等代替木盒。

第四章 越冬室基本结构

一、枯树筒或者纸筒类越冬室

第一步：选长 30--100 厘米、直径 30—90 厘米、壁厚 3-5 厘米，并且中空的带厚树皮的枯树筒做越冬室，将越冬室放在越冬大棚内 50 厘米高的支架上。

第二步：在树筒越冬室里面留空隙地放若干潮湿而保水性好的、非常干净清洁卫生没有病原微生物没有霉菌的厚树皮、枯木、泡木等材料，枯树筒的两端用有直径小于半厘米小孔的木板封闭，小孔主要透气，厚树皮等主要是给越冬蜂王爬附，在木板上开一个直径 3 厘米的圆孔，在圆孔外接一个用塑料胶笆或者铁纱网做的圆柱形或者喇叭形的装置，在上面插入三个 15 毫升的注射器，用于放蜂王进去和提供蜂蜜和水，越冬后练蜂王时用。

第三步：树筒越冬室架在柱状交配越冬装置上，交配好的土蜂蜂王由喇叭形锥形通道，相继爬入枯树筒越冬室中爬附在枯木快上进入越冬状况。

二、木箱类越冬室

木箱长 100 厘米、宽 60 和高 60 厘米，木箱内放木板等供蜂王趴伏，越冬木箱越冬室架在柱状交配越冬装置上，木箱中间有一进出口通道，通道连喇叭形锥形通道，喇叭形锥形通道的作用是交配后的蜂王由此进木箱内，蜂王只可爬进不可爬出，越冬期间用遮阳网堵。

第五章 养殖土蜂需要的用具和材料

一、防蜂服、倒吸式蜂笼、头灯。

二、强力订书机（马钉枪）、电钻、电锯、砍刀、锯子。

三、塑料薄膜、遮阳网、细铁纱网、塑料胶笆、钢管、角钢、竹片、石棉瓦。

四、手机、恒温箱、冰柜、温度计、湿度计、灯泡。

第六章　养殖土蜂注意事项

一、体质过敏者禁止养殖土蜂。

二、养殖土蜂的人必须具有很强的安全意识和安全措施，具备防土蜂攻击的防蜂服。

三、千万不能让自己养殖的土蜂攻击其他人或者动物。

四、千万要保证各个环节的清洁卫生，不能有病原微生物，并且食物要新鲜。

第七章 土蜂的主要生物学习性

先在泥土中筑巢，然后再移到树枝上筑巢；以蜜蜂、蚂蚱、蟋蟀等含蛋白质的小昆虫和蜂蜜、花蜜、树汁及苹果、梨、柿子等含糖和维生素的水果为食物；在德宏州11月初蜂群开始出现婚飞交配行为，随后进入越冬状况，第二年的2月中旬解除越冬状况，2月底3月初开始筑巢、产卵、育职蜂，4月初成为初级蜂群，4月中下旬成为标准蜂群。

一、科学养殖土蜂所需大棚、越冬室和筑巢室的生物学原理

（一）大棚相当于给蜂王提供一个遮风避雨、避免中午阳光直射的空间，越冬室、筑巢室相当于给蜂王提供进一步保温的衣裤。建大棚、越冬室和筑巢室的目的是在外界温度、湿度快速升高或降低的情况下，保证大棚内越冬室和筑巢室里面的蜂王不受外界温、湿度变化的影响，蜂王始终处在一个温度和湿度相对稳定的并且适合蜂王需要条件的环境中。

（二）土蜂自己恒温的能力很差，体温受外界温度变化的影响很大，最怕外界温度急剧升高和降低的变化，所以需要人为地给胡蜂提供一个温度相对恒定的环境。土蜂身体的体壁的主要成分是几丁质组成的外骨骼，空气湿度过大，空气中的水

分会渗透到几丁质的外骨骼里，导致土蜂死亡。空气湿度过低，土蜂外骨骼几丁质里的水分会扩散到空气里，导致土蜂死亡。

（三）在不同地区、不同海拔、不同环境养殖土蜂，要根据上述土蜂的生物学习性和物理学原理建适合土蜂生存的大棚、越冬室、筑巢室。

二、科学养殖土蜂交配、越冬、筑巢、培育标准蜂群的外因条件

（一）雌雄蜂交配的外因条件：要求大棚内部空间通风透气，空气新鲜、透散射光，氧气浓度高；大棚内部温度控制在18-28度之间；大棚内湿度控制在75%左右；大棚内提供的所有食物一定要新鲜，主要是野生蜂蜜、山泉水、香甜熟透的苹果，没有添加剂、没有激素、没有脂肪的各种新鲜瘦肉。

（二）蜂王越冬的外因条件：要求大棚内部空间透气不通风，空气新鲜，闭光，氧气浓度低；大棚内部温度控制在0-18度之间；大棚内湿度控制在75%左右；蜂王越冬期间不提供食物。

（三）诱导蜂王筑巢的外因条件：要求大棚内部空间通风透气，透散射光，空气新鲜、氧气浓度高；大棚内部温度控制在20-28度之间；大棚内湿度控制在75%左右；筑巢室内提供的所有食物一定要新鲜，主要是野生蜂蜜、山泉水、香甜熟透的苹果，各种小昆虫，没有添加剂、没有激素、没有脂肪的各种新鲜瘦肉；筑巢室内的筑巢材料要具有韧性的树皮。

（四）培育标准蜂群的外因条件：要求大棚内部空间通风透气，透散射光，空气新鲜，氧气浓度高；大棚内部温度控制

在 20-28 度之间；大棚内湿度控制在 75% 左右；筑巢室内提供的所有食物一定要新鲜，主要是野生蜂蜜、山泉水、香甜熟透的苹果，各种小昆虫，没有添加剂、没有激素、没有脂肪的各种新鲜瘦肉；筑巢室内的筑巢材料要具有韧性的树皮。

三、科学养殖胡蜂大棚的基本结构和要求（多功能组合式大棚）

（一）外部墙体部分：用空心砖墙体围成，长 12 米，宽 6 米，高 2.5 米的外部墙体。空心砖墙体高 1 米和 2 米两处的三排空心砖成透气孔放置。进出口放在墙体的两端。

（二）基部和地板部分：空心砖墙体基部外围 20 厘米处，做深 25 厘米，宽 30 厘米的梯形水泥沟，里面放流动水。空心砖墙体内部地面用水泥做成微凸型保湿度水泥地板，墙体两侧底部放数个排水通道。

（三）长方形铁纱网部分：用防锈铁纱网围成长 10 米，宽 3 米，高 2 米的墙体内部钢架铁纱网空间。墙体部分与铁纱网部分有 1.5 米的间隔通道。

（四）交配和越冬部分：在这个铁纱网空间的中线 5 米处，向两端各取 1.5 米长空间，分别用铁纱网隔出长 3 米的中央空间，做蜂王越冬空间。在越冬空间两端自然形成长 3.5 米的两个空间，做雌雄蜂交配空间。进出口放在两端。

（五）培育标准蜂群部分：雌雄蜂交配结束后，立即清洗、消毒交配空间，第二年搭支架放筑巢室，做诱导蜂王筑巢和培育标准蜂群空间。

（六）大棚顶盖部分：在空心砖墙体和铁纱网空间的上部，

用石棉瓦或者彩钢瓦盖成人字形屋顶，屋顶最高处距离铁纱网顶面 60 厘米，石棉瓦或者彩钢瓦距离空心砖墙顶 40 厘米左右，石棉瓦或者彩钢瓦屋檐长出空心砖墙 50 厘米。

（七）石棉瓦或者彩钢瓦部分：大棚中间蜂王越冬空间上部用石棉瓦或者彩钢瓦全覆盖，大棚两端雌雄交配空间上部，每隔两块石棉瓦或者彩钢瓦放一块光线可以透过的透光瓦。

（八）周围环境部分：建大棚的环境要求通风、透光、透气，没有病原微生物、空气新鲜的山林环境，同时要求要尽量远离人、牛、猪、羊、鸡粪便和臭水沟等有垃圾的环境。

（九）技术员部分：所有技术员进大棚之前，要求个人卫生好，没有烟味、酒味、化妆品味等气味，其他人员不得进入大棚。

四、科学养殖土蜂交配装置的基本结构和要求

（一）柱状交配和越冬装置

柱状交配和越冬装置由圆柱形交配区域、圆锥形通道区域、越冬室三部分组成。

圆柱形交配区域：是由铁纱网或者塑料胶笆网围成的直径 100 厘米、高 60 厘米的圆柱形装置，圆柱形内部 25 厘米高处加一层直径 100 厘米的铁纱网或者塑料胶笆网，圆柱形的上部没有铁纱网与圆锥形通道区域连通，柱状部分 30 厘米高处周围有两个窗口，正在交配的雌雄蜂就从窗口放入里面。

圆锥形通道区域：是由塑料胶笆网围成的倒吸状的圆锥形装置，是连接圆柱形交配区域和越冬室的结构，外部用黑布包裹，作用是交配结束的蜂王从这个通道进入越冬室内越冬。

越冬室：树筒、纸筒、木箱等越冬室都可以，位置在圆锥形通道区域的顶部,可活动架在圆柱形交配区域周围的木架上，圆锥形通道的倒吸小口直接连通越冬室的蜂王进出口。

交配技巧：将大棚里正在交配的雌雄蜂成对从窗口放入交配区域，交配结束后，蜂王向上爬入圆锥形通道，从越冬室的进出口进入越冬室，越冬。每个越冬室爬入 200 只左右蜂王后，将越冬室移到越冬大棚里换另外一个越冬室。交配结束后雄蜂因没有食物，逐渐死亡，每天收集死亡的雄蜂并晒干。

（二）通道型雌雄蜂交配装置及交配技术

通道型雌雄蜂交配装置：在隔开交配区域和越冬区域的铁纱网或者塑料胶笆网距离地面 1.5 米的部位，开一个直径 30 厘米的圆形口，在圆形口上密封连接一个直径 30 厘米的圆柱形铁纱网或者塑料胶笆网通道，通道直接通入包裹越冬室的铁纱网或者塑料胶笆网内部，铁纱网或者塑料胶笆网网眼大小以职蜂和雄蜂可以爬出为标准。

技术员在雌雄蜂交配区域，将正在交配的雌雄蜂用扇形接蜂板将雌雄蜂成对的铲接到扇形接蜂板上，再送进交配雌雄蜂交配通道内部。雌雄蜂在雌雄蜂交配通道里自由交配，交配结束后，雄蜂从网眼爬出，蜂王沿通道进入包裹越冬室的铁纱网或者塑料胶笆网内部，从喇叭形口进入越冬室内趴伏越冬。

五、科学养殖土蜂越冬装置的基本结构和要求

（一）没有异味的树筒、纸筒、木箱、泡沫箱等都可以做越冬室。

（二）树筒和纸筒的壁厚要求 2.5 厘米左右，内部直径 20—45 厘米，内部长 80 厘米左右。木箱和泡沫箱的壁厚要求 3 厘米左右，内部长和宽 80 厘米左右、内部高 50 厘米左右。

（三）树筒、纸筒、木箱、泡沫箱等越冬室内部从底部向上放若干层木板或者树皮，两层之间间隔距离以蜂王可以爬进去，爬伏为标准，土蜂蜂王和土蜂蜂王的间隔距离不同。

（四）柱状交配越冬装置的树筒、纸筒、木箱、泡沫箱等越冬室底有一个 3 厘米左右的进出口与下面的喇叭形小口连接，喇叭大口在接柱状交配空间，交配好的蜂王从小口爬进越冬室里，每个越冬室放 200—500 只交配好的蜂王越冬，所有越冬室放在距离地面 65 厘米左右的钢铁支架上。

（五）通道式交配越冬装置的树筒、纸筒、木箱、泡沫箱等越冬室正面成喇叭形内凹，大喇叭口在正面，小圆锥形口在内部，从大喇叭口到小口的面上，有蜂王可以爬进去的若干孔洞，孔洞大小以蜂王可以爬进去为标准。所有越冬室放在距离地面 65 厘米左右的钢铁支架上，用铁纱网或者塑料胶笆网包裹支架上的所有越冬室，铁纱网或者塑料胶笆网的网眼大小以职蜂、雄蜂不能爬进去为标准。

（六）雌雄蜂交配通道的蜂王越冬端开口在包裹越冬室的铁纱网或者塑料胶笆网内，雌雄蜂交配通道在越冬室部分的直径为 20 厘米左右，塑料胶笆网的网眼直径以雄蜂可以爬出但蜂王不可以爬出为标准。雌雄蜂交配通道在交配区域部分的直径为 30 厘米左右，塑料胶笆网的网眼直径以雄蜂和蜂王不可以爬出为标准。

六、科学养殖土蜂筑巢装置的基本结构和要求

（一）没有异味的木箱、树筒、纸筒都可以做筑巢室。

（二）树筒和纸筒的壁厚要求 2 厘米左右，内部直径 13 厘米左右，长 11 厘米左右。木箱的壁厚要求 2 厘米左右，内部长和宽 12 厘米左右、内部高 10 厘米左右。

附件：

土蜂蜂群组成及状况

1. 4 — 9 月，蜂群出现婚飞前，只有一个蜂王若干不同发育阶段的幼虫、卵和职蜂。

2. 9 — 11 月蜂群出现婚飞行为后，蜂群中有蜂王、职蜂、雌蜂、雄蜂。

3. 蜂王、职蜂、雌蜂、雄蜂的区别之一：出现时间不同，雌雄蜂只在婚飞交配期出现，在德宏州一般是 9 — 12 月，蜂群婚飞行为民间的叫法很多，例如蜂子疯了、蜂子串冬、蜂子发情了。

4. 蜂王、职蜂、雌蜂、雄蜂的区别之二：结构和行为不同，雄蜂尾部没有蛰针，不攻击人，不会蛰人，爬附在蜂巢上，不筑巢，只有一个作用，就是与雌蜂交配。

5. 蜂王、职蜂、雌蜂、雄蜂的区别之三：外表不同，雌蜂触角多呈弯曲状，发情期体表颜色鲜艳，个体比职蜂略大一点。

德宏州一年中土蜂蜂群状况及组成

时间	蜂群状况、组成及数量	蜂王	职蜂	雄蜂	雌蜂
1月	一个正在越冬的蜂王。	√			
2月	一个越冬状况的蜂王,并开始逐渐解除越冬状况。	√			
3月	一个蜂王,蜂王开始苏醒爬出越冬处所,蜂王飞到野外环境寻找食物和筑巢处所,蜂王开始筑第一二个蜂饼、产第一、二、三批卵,30职左右不同发育阶段的幼虫及蛹,第一批3—5只职蜂羽化出来。	√	√ 第一批职蜂个体最小		
4月	一个蜂王、3个蜂饼、数百粒卵、数十只不同发育阶段的幼虫及蛹,第2-4批150只左右职蜂羽化出来。	√	√		
5—9月	一个只负责产卵的蜂王。4—9个蜂饼、数千粒卵,数千只不同发育阶段的幼虫及蛹。数千只第2--6批职蜂,负责取食、喂养幼虫和蜂王、抬土、筑巢、防御等,蜂王强壮,蜂群旺盛发展。	√	√		

时间	蜂群状况、组成及数量	蜂王	职蜂	雄蜂	雌蜂
10—11月	一个只负责产卵的老蜂王。4—9个蜂饼、数千粒卵，数千只不同发育阶段的幼虫及蛹。数千只第3--8批职蜂，负责取食、喂养幼虫和蜂王。羽化出的2500只左右雌雄蜂爬附在蜂饼上，雌雄蜂逐渐飞出蜂巢在附近乱飞，进入发情交配期。蜂群抬土、筑巢行为减弱，蜂群进入婚飞、发情、交配期，交配过的雌蜂逐渐进入越冬状况。	√个体最大一直在蜂巢里	√个体逐批增大攻击性强蜂毒多	√个体相对小尾部无蛰针没有攻击性发情期体色鲜艳	√个体相对大尾部有蛰针不主动蛰人与雄蜂交配后成为蜂王
12月	老蜂王自然死亡，老职蜂飞到野外山林中自然死亡，交配过的雌蜂成为新蜂王，飞到山林中寻找适合的树洞、土洞、石缝等环境进入越冬状况，交配过的雄蜂在山林中自然死亡。	√			
√：代表蜂王、职蜂、雌蜂、雄蜂出现的月份					

MALOM

DO GABA 1   GAT SHANG REM HPAJI LADAT

Gat shang rem na hpaji ladat hta, lagat nli lata hpaji, gat du lolo rem shalat na hpaji, shadang du gaja ai gat hpung rem shapro na hpaji, ginsim gaba galo na hpaji, gat du nshung shalai gok hte atsip galo na hpaji ladat, lagat gasha la, lagat ningtuk sho na hpaji, gat shang hte shingtai sat lajang kau na hpaji re ni lom nga ai.

1.Hpaji ladat

Bum gahtong hkan na hkaimu htinggo ni hpaji ladat hku gat shang rem na matu go, gatdu lolo rem shalat na hte shading du gaja ai lagat hpung rem shapro na hpaji ladat hte gaga seng ang hpaji ladat ni hpe atsom hparan lajang kau ra nga ai, lolo ning ta tut rem hkrat wa ai ko nna lu la ai hpaji yong lam machyim ni go lawu na ni re, bum gahtong na hkaimu masha ni lawu na hpaji ladat yong lam hte datbung ngau ni ko yu nna maram la nna, madu nga ginra na lamu ga htingwan hte gat li a masa ko hkan nna hpaji ladat hku gat shang rem lamang mai galo hkrat wa ai, shingrai matut manoi rai shang gumhpro tam jat la mai nga ai. Lawu na hpaji ladat 11 nga ai:

（1）Nli gaja ai nam na gat yi gat la hkyem ton ra ai.

（2）Gat yi gat la tam gahkyin ra ai.

（3）Gat yi gat la wali shalun shangun.

（4）Gat du hpe nshung shalai ya ra ai.

（5）Atsip gok, atsip ginsim gaba re ni galo, nshung shalai ai gat du hpe shaman.

（6）Nshung shalai gat du nambat langai ngu na adi di, gat hpung nambat langai ngu na bungli galo gat hpung shalat.

（7）Bungli galo lagat ni lusha la na hku shalen, lagat ganu nnan rem shalat.

（8）Nam hkan bungli galo lagat ni hpe shaman, gaja ai la gat hpung rem shalat.

（9）Bum maling hkan gaja ai lagat ganu hpung rem shalat.

（10）Gaja ai lagat ganu ni hpe ja gumhpro mai tam ai bo lagat hpung hku gon lajang na.

（11）Hpaji ladat hte lagat ningtuk sho, lagat gasha sho la.

（12）Gatshang hte tu matut rai htang makop lajang na hpaji ladat.

Galo sa wa ai sat lahkam shagu hta, ginsim gaba gata shinggan na sanseng lam galo gaja ra ai, ana ganu, ana ningtuk, lagat rim sha ai bo dusat re ni hpe sadi maja kau ra ai; Lagat ni a lusha shang madang hpe sadi ra ai, lusha yong mayong go agatsing re rai ra ai, ginsim shinggan na gahtet gatsi lam ni grai lawan ai hte lai shai wa jang, ginsim gata na gahtet gatsi shadang, bam madi shadang re ni mung astom sharam ton ya ra ai, shing rai lai shai lam nau n gaba na hku galo ton ya ra ai; Ginsim gata na nbung nsa a shatang madang sadi ra ai, galoi mung asan awan nga ra ai.

2.Hpaji ladat tsun yan dan ai lam

Sat lahkam 1: Nli gaja ai nam gat yi gat la hkyem ton ra ai.

Madu ginra na gaja ai nam gatshang wahpung gahkyin ton nna lagat ni manang tam pyen gamong ai ten du hkra rem ton na, galo ladat go shaning shagu na shata 7, 8 ,9 hta, lagat chye rem ai hkaimu masha woi sa nna, lagat htang buhpun hpun kau di maling hkan grai wang ai nam gatshang sa tam la ra ai, lagat tsip

gaba, lagat wahpung lo, bungli galo ai lagat lo re lagat
wahpung tam ra ai. Dai hpe madu nta hte ni ai shara
ko lagat ni manang tam pyen gamong ai aten du hkra
rem madat ton ra ai, lagat dai ni hpe lagat nli la manu
na zon re shara ko ton ra ai, lagat ni manang tam pyen
gamong na shong na shata mi daram hta, gat yi gat la
gasha gaba tsom na matu lusha myu 3 hpe grung grung
jo sha ra ai, dihpro dat lusha, gashadon amyu myu re
shingtai shingko, amyu myu re shanzin; N–gun de wa
ai bo lusha ni lolo jo sha ra ai, ga shadon lagat jahku,
ahtang ntsin re ni; Wuisinsu su ai bo lusha lolo jo sha
ra ai, ga shadon amyu myu re namsi namso re ni, gat yi
gat la ni abong alang rai gaba tsom na hku rem shalat
la ra ai.

Sat lahkam 2: Gat yi gat la la gahkyin na lam.

Gat shang wahpung ni wali shalun na hte manang
tam pyen gamong ai lam asan sha chye la na ladat
go: （1）Shaning shagu na shata 10, 11 hta, lagat
ni shada shachyut hkat shajang re aten hta e, lagat
htang hking hpun kau di lagat ta laro ro kau, lang ra
ai rai ni la lang rai, shana e chyechyuyik hte bungli
galo ai lagat ni pru shang shara pat kau, buri hte lagat

tsip ma–hkra hpe dagro kau, buri ntsa ko akya sha re hpri saidong shingwang bai dagro kau di, atsom magap kau nna, lagat tsip hte lagat ni wali shalun na matu galo ton ya ai ginsim gaba de la wa nhtom, hpri saidong shinwang hpyen kau buri ro kau di, lagat tsip hpe ginsim gata na nda hku galo ton ai danggan ko atsom wa mara ton na, dai hpang lagat hku matsut ton palasatik la kau rai, bungli galo ai ladat, gatdu tai hkyem ai lagat, gat la re ni hpe mai pru shang shangun sai. (2) Zingret galu hte loi yonyon di ret ga la nna je gata tsang na gat tsip pa di la na, shingrai tsip pa shangda sai(ntsa ko magap rong sai) lagat gasha ni ma–hkra la shapro kau nna, gat tsip pa dai hpe gattsip ko bai wa bang ton na, dai hpe kawa chyen gasha ni hte madi shangang ton da ra ai, hpang jahtum e rep ga la ai gattsip pa hte mi na hku ro di kawa chyen masen hte achyo shakap ton shing n rai ari hte gyip shakap ton na. (3) Bungli galo lagat, gat yi gat la, gat du re ni lagat jahku chyup lu, namsi sha, shingtai shingko sha, hka lu, gat yi gat la wali shalun, bungli galo lagat ni hpun hpyi la nna gat tsip kum shachyip, bungli galo lagat ni ginsim gata na aba ganu ni hpe htek gasat re lam atsom yu maram ra ai, Dai shana jang aga hkan hkrat to nga ai lagat ni hpe tan shadang 75% daram re tsuzin tsa ko lawan wan hta bang kau ra ai,dai hpe go lagat ningtuk ahprup hpun ai bo tsi galo la mai ai.

（4）Shana e, lagat htot nka hte lagat tsip hku ko shaang ton nna lagat tsip ntsa ko yatyat sha abuk nna 50% daram re bungli galo lagat ni hpe lagat htot nka ko jashang la nna lagat tsa mai tsing ai. Ginsim gata ko gat yi gat la hte bungli galo ai lagat nkau sha ngam ton na, dai hte rau wali shalun ai ginsim ko lagat ni rot gatu wa ten na matu gat shang tsip 4–8 daram hkyem ton ya na.

Ndai aten hta grau ahkyak ai lam go: （1）Ginsim gata na amyu myu re lusha ni agatsing sha re rai ra nna sanseng ra ai, ginsim gata nbung nsa hkrang, yanghkyi nsa lo ra, jan lago loi htong hkra ra ai, lusha bang jo ai lang rai ni mung sanseng ra ai,numshu lamu tu re lam go gachyi mi mung n mai byin shangun ai, aga hkan to nga ai bungli galo lagat, gat la, gat sha re ni hpe lawan wan hta kau nna gyuzin palin gaba ko bang ton na, dai hpelagat ningtuk ahprip bun ai rai galo na matu ton da na. （2）Tinang nga ginra na panglai hkrat yu shadang, nbung nsa re htingra shingwan masa hte ginra na lagat wahpung ni a lai nsam hta hkan nna, gat hpung rot gatu wa nna manang tam pyen gamong ai aten hkrak sha chye la ra ai. Ndai aten hta gat tsip gata na singko garai n tu shi ai gatput gatsha ni hpe sho kau ra ai.

Asat lam 3.Gat yi gat la wali shalun na lam.

Wali shalunai ginsim hta, gat tsip na gat yi gat la shing nrai hat tsip pa na singko tu sai gat yi gat la ni hkom pru wa nna, makau mayan hkan na lagat jahku, ntsin, namsi, shanzin re ni chye sa tam lu tam sha ai, lu sha ngut ai hpang gat tsip de bai chye nhtang wa mat ai, ndai zon tsomra lang gahtap galo lo chye rai ai. Gat yi gat la ni gaba wa ai 12 ya daram hta, gatu wa ai aten mung du sai, gat tsip na kro pru wa ai gat yi gat la ni gowali shalun ginsim gata na ajan lago loi htong hkra ai shara hta wali chye shalun hkat bang wa sai, dai hpe belaja gasha, shing nrai madu galo la ai layit hkrang lang rai hte wali shalun hkat nga ailagan yan hpe azum zum di tagot hpai la nna wali shalun nshung shalai hking shing nrai wali shalun nshung shalai hking ko htot bang ton na, gat yi gat la wali shalun hkat ai aten go manit 2 daram rai ra ai. Ndai lapran hta gat yi gat la wali shalun hkat ai lam atsom yu maram ra ai, dai hpang wali shalun ngut sai gat la hpe tsa palin ko rim bang nna lagat tsing tsa galo la na, wali shalun la ai gat yi go gat du byin tai sai. Gat du shi hkrai shing n rai masha hte e wali shalun ginsim na atong hkrang wali shalun nshung shalai gok ko rim bang ton na, shing n rai ginsim do mi de na jan lago n hkra ai nshung shalai gok de jashang ton na.

Gat yi gat la ni wali shalun hkat ai aten go 20 ya daram re, la–ma grai gaba tsom ai gat tsip 4 na gat shang hpe nli shatai yang go, gat la 3000–4000 daram rong ai, gat yi gat la wali shalun hkat ai shaloi chye hkrat yu wa ai, ginsim gata na aga ko wa hkrat hkra jang, wali shalun hkat ai shatang madang hte gat du a shatang madang grai wa–hkye hkra chye ai, dai majo wali shalun ginsim gaba na gat yi gat la ni wali shalun shara go grup yin tso de mida 1 daram rai nna makop shinwang lam ni mung galo ton ra ai, shaloi she wali shalun hkat ai gat yi gat la hpe atsom lu makop ton nga ai.

Gat yi gat la wali shalun ai aten hta grau ahkyak ai lam go, gat yi hpe jan lago n htong hkra ai shara hta azim sha di yo rem ra ai, gat la ni hpe rai jang ginsim gata hkan shi ra ai hku pyen chyai, lusha rai ni sha chyai mai rai shangun ai, shaloi she gat yi gat la hkamja ai, rot gatu wa ai gat du tai hkyem ai gat yi go, wali atsom shalun na akyu rong ai, gat yi gat la ni wali shalun hkat ai aten manit 5 a lahta de rai jang she gat yi dai grai gaja hkrak ai gat du mai tai ai, gahtet gatsi shadang laman 18−25 daram rai nna, ajan lago shi rai htong hkra ai shaloi rai jang, gat yi gat la ni wali chye shalun hkat ai, la−ma gat yi gat la ni wali atsom n shalun hkat, shing n rai tong ya mi sha wali shalun hkat nna bai n shalun hkat mat, re rai jang go,wali shalun ginsim gata na nbung nsa,jan lago htong hkra ai lam, nsa hkrang re lam ni hta manghkang rong sai ga re, dai go ginsim htingwan masa hta hkan nna sharai ya ra sai, gat yi gat la wali shalun ginsim gata na gahtet gatsi shadang hpe go laman 30 ko nna n mai shai jan sai, laman 30 ko nna lai jan jang go grau gahtet saup sai majo, gat yi gat la ni wali n shalun hkat mat sai, ndai zon re aten hta go wali wa mi shalun hkat ai ritim,gat du a shatang madang n gaja mat sai, wali shalun la sai gat yi(gatdu)hpe go jan lago n htong hkra ai nshung shalai gok de lawan wan htot bang kau ra sai.

Gattsip hpe ginsim gaba de htot bang kau ai nau jau jang go, gat yi n gatu nna wali n jo shalun hkro ai, ndai aten hta gat yi ni hpe gahkyin la nna jan lago n htong hkra ai hpun sadek ni ko yo rem ton ra ai, gat la ni hpe go ginsip gata hkan mai dat rem ton ai. Gattsip hpe ginsim gaba de htot bang ai nau bai hpang hkrat mat jang mung, gat yi gat la ni atsip ko nna majoi pyen pru mat chye ai.

Wali shalun hkat ai ginra hta gat tsip lo, gat yi gat la lo,gat yi gat la ni a hkum na shapro dat ai ajit ahkyi, nsa re ni go grai lo wa nna, nbung nsa grai n gaja mat chye ai, dai majo wali shalun shara na nbung nsa lai gahkrang lam hte nbung nsa na yanghkyi nsa grai lo na hku galo ton ra ai.

Wali shalun shara hta na nnan pru wa ai gat yi hkalung(gadu tai hkyem ai lagat) hpe gat la gaba ni e n hkring ai chye shachyut hkom ai, ndai zon re gat yi hkalung ni go nau puba mat ai nga yang, gat yi ni a kan hta htun mahkong ton ai rai ni lang jahtum kau ma ai, ndai zon re gat yi go wali shalun la nna gat du tai tim, shatang madang n gaja ai, dai majo ndai zon re gat du ni hpe go rim la kau ra ai.

Sat lahkam 4. Gat du hpe nshung shalai ya na lam.

Wali shalun la nna shatang madang gaja ai gatdu go lusha n sha sai, shi hkrai wali shalun ginsim gata na jan lago n htong hkra ai shara na hpuntong chyaso, maisau sadek, maisau tong zon re nshung shalai gok shing n rai jut shara hkan azim sha rai wa kap hkringsa nga sai, gatu nna wali garai n shalun yu shi ai gat yi(gat du) ni go, shani hkan rai jang shara magup pyen hkom, shing n rai nga hkom chye ai, gahtet gatsi shadang laman 20 a lawu de rai mat jang, lagat du shi hkrai hpuntong chyaso zon re nshung shalai gok de hkom shang wa nna n shamu sai sha nshung shalai nga sai, nshung shalai shara na gahtet gatsi shadang laman 20 a lahta de rai mat, shing n rai gahtet gatsi shadang laman 0 a lawu de rai mat jang go, nshung shalai nga ai gat du shara magup chye nga hkom ai.

Panglai hkrat yu shadang mida 1500 a lawu de na ginra hkan go, wali shalun na hte nshung shalai ginsim hpe e hpri saidong shingwang, jan shingga shingwang, la la sakre sumpan re ni hte mai galo la ai, panglai hkrat yu shadang mida 1500 a lahta de na ginra hkan go, loi yak ai amyu myu re shara hku gat yi gat la wali shalun, nshung shalai ginsim gaba galo la ra ai.

Gatdu nshung shalai ai ten laman hta, grau ahkyak madung ai go, wali shalun la sai lagat du ma-hkra ni hep nshung shalai gok ade htot bang kau nna nshung shalai shangun ra ai, nshung shalai gok gata na gahtet gartsi shadang hpe laman 5-20 danram ko sharam shagrin ton ya ra ai, laman 15 daram rai jang grau hkrak nga ai, nshung shalai ginsip gata na bam shadang mung 50%-80% daram hta rai ra ai, zim sha nga nna nbung nsa loi hkrang ra ai.

Sat lahkam 5. Atsip gok, atsip ginsim gaba re ni galo, nshung shalai ai gat du hpe shaman la na lam.

Nshung shalai ginsim gaba na nshung shalai gok hta nshung shalai ai gat du go, shata 11, shata 12, shata 1, shata 2 re shata mali laman hta n sha n shamu ai aten re, shata 2 shagong do hte asi do de go nshung shalai ai lam ngut kre sai. Gat du ni nshung shalai gok na hkom pru wa ai mu jang, nshung shalai gok na makau hkan nam lagat jahku hte bum na san tsom ntsin ni ton da ya ra ai, gat du ni lagat jahku hte ntsin lu ai hpang nshung shalai gok de bai chye shang mat wa ai, nsdai zon 2–3 lang gahtap galo chye ai, dai hpang ko nna go nshung shalai gat du ni nshung shalai gok ko nna hkom pru wa nna nshung shalai ginsim gaba gata hkan pyen hkom wa ra ai, ndai zon rai jang go gat du ni nshung shalai ai lam ngut kre sai ga re, ndai shaloi nshung shalai gok makau hkan hpyin–go si ntsin zon re wuisinsu rong ai bo lusha, n–gun de wa ai bo lagat jahku re ni ton da ya ra ai hta n–ga, gat yup, gatnyen, hkaton gasha re dihpro dat rong ai bo shingtai shingko ni mung bang jo ra ai, gat du ni shingtai shingko ni rim sha ai mu jang go, gat du hpe gat tsip galo ai gok de yatyat sha htot bang kau nna, gat tsip galo gok hpe gat tsip galo ginsim de bai hpai bang kau na.

Ndai aten laman na grau ahkyak ai lam go, gat du ni nshung shalai ai lam yi ngut sai ngu ai lam atsom maram yu ra ai, ndai aten hta jan lago shingga ai shingwang ko bang nna jan lago shi rai htong hkra ai shatra hte gahtet gatsi laman 20–25 re shara hta gat du hpe shaman la r ai, gat du hpe shaman na aten go 3 ya daram ra ai. Aten nau galu jang gat du ni shatang

madang hpe wa–hkye hkra ai, lagat hpe lusha bang
jo ai hking rai, nshung shalai gok hte nshung shalai
ginsim gaba na sanseng lam galo du ra ai, ana byin
wa ai ana ganu ni n nga hkra sanseng ra ai, lusha ning
mung agatsing re rai ra ai.

Sat lahkam 6. Nshung shalai gat du nambat langai
ngu na adi di, gat hpung nambat langai ngu na bungli
galo gat hpung shalat maka shangun ra ai.

Shaman la ai gat du hpe tsi htu hkailong hte
tsip galo gok de la bang na, nnan shaning hte hpang
shaning go tsi htu hkailong hte lagat jahku, bum hka
san tsom ntsin re ni bang ya na, 3–4 ya ngu na shani
hta go gatnyen gasha, hkaton, gatyup,agatsing re
shanzin, hpyin–go si ntsin re ni bang ya na, 5–6 ya hta
go hkaton hkalung, machyi jinu re ni hte agatsing sha
re shanzin bang jo na, gat du ni dihpro dat lusha sha
ai lo jang go, atsip galo adi di ai mung lawan sai. Ndai
laman hta e gahti gari n mai rai ai, dai hta rau shani
shanang lu sha jo sha ai tsi htu hkailong re ni asan
awan rai gashin kau kau rai ra ai. Gat du hpun hpyi la
ai mu jang go, gattsip galo bang wa sai ga re, gat du dai
lusha hpe gumdin kau nna tsip galo gok de hpai shang

wa jang go, gat du dai adi di sai hta n–ga, gat gasha kro pru wa sai, gatput gasha ni mung gaba wa sai, ndai aten hta gat du lusha hpe atsip de hpai shang ai asat ko yu nna, gatbut gasha ni gaba wa ai lam chye yu shapro sai, gat du hpun hpyi gawa la ai ko nna nambat 1 ngu na bungli galo lagat byin tai shangun lu na go lawan dik ai raitim, nhtoi 40 ya daram ra ai.

Gat du tsip galo ai lang ngau ni go, marau hpun hpyi zon rerin mani shakap la loi ai hpunhpyi ni rai nga ai, gat du tsip galo yang hpunno re ni n lang ra ai, hpunno go nam na gat du shing n rai bungli galo ai lagat ni gatbut gasha ni hpe jo nga ai.

Ndai aten laman hta gat du hpe lusha grunggrung jo sha ra ai, gat tsip galo na lang ngau rai ni mung akya nunu re rai ra ai, gawa la n yak nna lo imam ai hpun chyaso hte hpunhpyi ni rai ra ai. Sakhkung mungdo hta go marau hpun madung ai, la–ma gat du gat tsip gok gata ko 10 ya daram gat tsip n galo jang go gaga gat tsip gok de lawan wan htot bang kau ra ai.

Sat lahkam 7. Bungli galo lagat ni lusha la na hku shalen, nnan gat du hpung rem shalat na lam.

Hka–htok, hkaton hkinchyi re ni go bum hkan grai

tam la loi ai dihpro dat rong ai bo lusha hte kumshu jahku, hpyingo chyahkan re hta go ahtang,wuisin su re lusha dat n−gun ni grai rong nga ai. Bungli galo lagat nnan ni go lusha ndai ni gawa la, hpunhpyi ni gawa la, tsip galo gok gata na aga ni mata sha rai hkan la ra aid at n−gun ni chye lu la nga ai, aten na wa magang, bungli galo lagat nnan ni mung grau lo wa ra ai, bungli galo lagat ni lusha tam nna gatput ni hpe jo, gattsip nnan galo wa rai jang go, gat du ni lusha hte gattsip galo lang ngau rai ni n sa tam sai, ndai aten hta gat du go adi chyu sha di mat sai, ndai aten hta bungli galo ai lagat ni mung 6 daram rai sai, ndai zon re gat hpung ni hpe go nnan tsang gat hpung ni nga sai.

Ndai aten laman na ahkyak madung go, hkinchyi, hkaton re ni hpe ashep je ya ra ai, shaloi she bungli galo ai lagat gasha ni chye rim sha ai, lagat jahku hte bum na san tsom ntsin re ni mung grunggrung jo lu ra ai, ndai zon re aten laman go nhtoi 8 ya daram ra ai, aten nau n mai shana kau ai, tsi htu hkailong mung asan awan di lajang kau kau rai ra ai.

Sat lahkam 8. Bungli galo ai lagat ni hpe nam lagat hku shaman nna shatang madang du ai lagat wahpung shatai la na lam.

Nnan tsang gat hpung hte gat tsip galo gok ro di ginsim gaba ko nna makau mayan nam u n nga ai bum malling hkan sahtot ton na, shong nnan e go hpri lakap hte hpri saidong shingwang ko nambat 1 hpung bungli galo ai lagat ni sha pru shang na dindin re ahku lahkong sha zen wo nna, tsi htu hkailong hte lagat jahku dingyang bang jo na, dai hpang ko nna go gat tsip gok makau ko nna lagat jahku, shingtai gsha, shanzin re lusha rai ni ngaungui rai tsan tsan de ton mat wa na, bungli galo ai lagat gasha, ni mung atsip makau ko nna tsan tsan de lusha chye tam mat wa sai, shing rai ngaungui hte gaungui rai nam na shingtai gasha ni chye rim wa sai. Ndai zon aten na wa magang gattsip gok na bungli galo lagat ni mung je nga yang je lo jat wa ra ai, bungli galo lagat ni 15 daram du jang go, nam ko sa yo rem ton mai ai shatang du gat hpung tai sai.

Ndai aten laman hta lagat ni hpe shaman na shara hta maling gasha nga nna hpun no mung pru ai hpun ni nga ra ai. Shing rai lusha ni hpe ni ai ko nna tsan ai de ton da ya ai ladat hku nna bungli galo lagat ni a atsip galo gok ko nna pyen pru wa nna nam hkan lusha tam, tsip galo lang ngau rai sa tam nna nam hkan lusha tam, tsip galo lang nau rai sa tam la rai nna bai chye nhtang wa re atsam shaman ya ra ai,ndai aten laman hta nam u, hpatsip, ayu re ni e atsip ko nna nnan sha no chye pyen pru wa ai bungli galo lagat ni hpe rim sha kau na lam htang maja kau ra ai, kagyin ni mung lagat jahku a bat lu manam ai majo, atsip gok de shang sa nna lagat si, gatput, gat sha hte gat du ni hpe jahten hkra na htang maja ra ai.

Sat lahkam 9. Shatang madang du ai gat hpung rem shapro na lam.

Shana e, bungli galo ai lagat ni atsip de shang mat ai hpang, lagat ni pru shang ai hpri saidong shingwang na ahku hpe chyuchyuyik gasha hte matsut kau nna, bungli galo lagat, gat du, gat tsip pa,gatput,gat sha hte atsip hte nong di maling wuntsom ai de sa htot ton na. Tsip galo gok hte gata na gat tsip hte maling na hpun sadek ko gyit shangang shakap ton na, shing rai hkungsinjon hte kum shainggrup ton ai gata ko bang ton na, dai hpang atsip gok ntsa ko mida 1 daram tso ai shara ko jan marang htang ai shimyen wa bai galup mara ton ya ra ai, dai hpang go chyuchyuyik gasha sho kau nna bungli galo lagat ni hpe pru shang shangun nna, bum maling hkan lusha hte tsip galo lang ngau rai mai sa tam sai.

Nam maling ko rem ton ai gaja ai lagat hpung ni go, aten na wa jang, bungli galo lagat je nga yang je lo wa, lu sha tam shingwang mung je nga yang je dam gaba mat wa chye ai, gat tsip mung hpun sadek hte hkungsin jon gata ko lawan dik ai hku gaba jat wa chye ai.

Ndai aten laman hta grau ahkyak madung ai lam go, gat tsip gata hte gat tsip hpe ading jan di ton da ra ai, dai hta n–ga dai shara nau n mai gahtet, janlago dingtok ai hku n mai htong hkra ai, gat tsip gok hpe lahkring n hkring n mai hpai htot ai, hpai htot ai lam hta mung nau n mai ashun hkra ai sha yat yat di hpai htot ra ai, la–ma lahkring n hkring hpai htot gajam nna bai anyak ashun hkra jang go, gat tsip gata na adi, gatput, gat sha,gat du re ni hpe wa–hkye hkra chye nna, tsip gyit noi ton ai gade na n rai yang gat tsip ko nna chye hkrat yu wa ai, shaloi go bungli galo lagat ni gatput gasha ni hpe chye hpai pru wa ai, dai hta n–ga gat sha ni mung chye si mat, singko n chye tu mat rai ai, gat du mung adi n chye di mat ai, dai hku byin jang go lagat hpung ni atsip gabai kau da nna chye hprong mat, shing nrai chye si htum mat wa nga ai.

Gat hpung ni hpe tsan ai de garot sa wa na rai yang, lam gaang ko lusha jo sha na hte nau n shamu hkra na hku grai sadi ra ai, jahpot manap rot hkom na shong e shat sha na shong hte shana shat sha na shong e lagat jahku, shingtai gasha hte bum na san tsom ntsin galang mi jo ra ai, lagat ni hpe go shana e hpai htot yang grau mai ai, yo rem shara ko hpai du ai hte go masha nan 2 ya daram yo ra ai, dai hpang ko nna she bum maling de mai sa rem ton ai.

Sat lahkam 10. Gaja ai lagat hpung ni hpe ja gumhpro mai tam ai bo lagat hpung hku gon lajang na lam.

Ndai aten laman hta go shani rai jang amyu myu re nam u ni e chye rim sha kau ai, grau nna go atsip ko nna nnan sha no pyen pru wa ai bungli galo lagat ni hpe aloi sha chye rim sha kau ya ai, ndai zon re nam u ni hpe htangmaja na ladat go, gat hpung rem ai makau hkan, hpundung lahkong masum jun ton nna, hpundung ntsa ko kanoi mahkam hkam ton nna, nam u dai ni hpe lu hkam kau ai, shing n rai lahpo hte gap sat kau na. Shana rai jang go hpatsip, ayu re ni mung no chye sa rim sha nga ai.

Galang hte malat nga ai shara hkan go, galang hte malat ni gattsip ashep wa nna gatput, adi, gat sha re ni hpe chye la sha kau ya ai, galang hte malat hpe htang maja na go, gat tsip gok shinggan maga de ahku gaba wakwak re shingwang hte ahku chyip ai hpan hpri saidong shingwang hte hkum kau ra ai.

Bum maling hkan na kagyin ni mung lagat jahku hte gaga lusha ni a abat manam hkrup nna, shado ngau zon re hku nna gat tsip de chye sa wa nna gat di, gat but, gat sha re ni hpe sa chye hpai sha kau ma ai,ndai lam mung lagat wahpung ni hpe grai wa–hkye hkra chye nga ai, dai majo kagyin hpe mung no chye htang maja ra nga ai, kagyin hpe htang maja na ladat go, (shabu) sut sumpan, balasatik re ni hpe gyiyu (jak sau) ko tsing madit la nna gat tsip gok htumpa grup yin ko ton na, shaloi go kagyin ni n shang sa lu sai.

Lagat wahpung ni lo wa magang bungli galo lagat ni mung je lo jat wa magang rai sai, ndai shaloi go

makau mayan na masha a wunli lam hpe mung no sadi
ra ai,lagat rem ton ai ginra hte mida 100 daram gang
hkat ai shara ko shadum jahprang masat pa mung no
galo da ra ai.

Sat lahkam 11. Hpaji ladat hte lagat ningtuk sho,
lagat gasha sho la na lam.

Shata 10 shagong do hte asi do hta go, bungli galo
ai lagat ni 2000 daram du sai, hpun sadek gata na gat
tsip mung mida laman 20 daram rai jang go, bungli
galo lagat ni atsip de ahka lolo hpai shang ai shaloi
lagat htang buhpun hking hpun, ta laro ro rai nna nhtu,
zendau hte hpun sadek nhkrem de hpo la nna, gata na
lagat pa hpo yu na, gat pa hpe atsom maram yu nna,
ntsa hku nna lagat pat ai gaang hku nna zingret galu
hte grau gata lam na gat pa lahkong hpe yatyat sha ret
di kau na, dai hpang ntsa hkan na lagat pa grai ja ai
hpe mung ret di kau na, ndai zon re gat pa ni hpe go
mai dut sha sai, mayu e go galang mi gyin 20 daram
mai la ai. Dai hpang gata lam na gat pa hpe mi na ro
di kawa masen gasha hte achyo shakap shangang ton
na, dai hpang hpun sadek nhkrem chyen de na hpe
mi na hku bai galo da na, ndai hku galo jang bungli

galo lagat ni hpang shani jang atsom bai gapa gaja lu sai. Dai hpang ko nna go 23 ya daram rai jang lahta na ladat hku gat gasha galang mi mai la ai, mayu e go nambat 2 yang ngu na lang gyin 20 daram la, nambat 3 lang gyin 20 la, nambat 4 lang mung gyin 20 la di na.

Ndai aten laman hta grau ahkyak ai lam go,gat du hpe atsip ko nna n mai pru mat wa shangun ai, makau mayan na lusha ni a masa hte gat hpung na bungli galo gat yi lo jat wa na ngu ai lam atsom maram la ra ai.

Sat lahkam 12. Gatshang hte tu matut rai htang makop tsi lajang na hpaji ladat.

Gat shang go maling hkan, hkauna hkan,namsi sun hkan, simai yi hkan nga ai shingtai ni a shingtai gasha, adi re ni hpe chye rim sha nga ai, ndai zon re htingwan shara hta gatshang yo rem nna tu hkrung rai na shingtai sat kau ya lu nga ai, hkaimu tsi n gat ra ai sha, gat shang ndai ni e lu shamyit kau ya ai.

Gat shang hte tu hkrung rai htang maja na loi dik ai ladat go, gat shang hpe bum maling, hkauna, namsi sun, simai yi re makau hkan mai yo rem ai, raitim ndai hku galo yang go wunli lam bai n nga nga ai, ndai shara hkan mu galo ai masha ni hpe gat shang e hkan shachyut wa nga ai.

Ndai zon re hkrit makren lam hpe e hparan lajang kau nna, gatshang hte tu hkrung rai makop shingtai htang maja na ladat lang shachyam sawa na matu, gongdung tu hkrung hpaji hpaga dap ni hte Sakhkung sara kolik jong sha mai tsi galo ai shingtai sumru dinlik dap ni jom pong galo nna, amyu myu re akyu nga nna mai htot hkom ai gat shang rem hking hpan shalat shapro ton masai, gat shang hpe mai htot hkom ai akyu nga ai bo hking ko yo rem nna lusha rai ko shingtai sat ai bo ladat hpan shalat ton masai, ndai bo ladat go gat shang hpe mai hpai htot hkom ai hking ko nang ton na, gaga bum maling, hkauna, namsi sun, simai yi ni hkan shingtai sat ra jang, shana hkan bungli galo ai lagat ni atsip de shang mat ma ai hpang, ahking dai hpe magap kau nna ahking hte gata na lagat hpung ni hpe shingtai sat ra ai bum maling, hkauna, nam si sun, simai yi re hkan sa ton da na, ndai laman hta hking gata na gat shang ni go ndai maling, hkauna, namsi sun, simai yi re hkan shingtai gashs, shingtai adi re ni tam rim sha nna chye nga ai, mu galo masha ni ndai laman hta ndai zon re shara hkan n sa ra ai.

DO GABA 2   AMYU MYU HKU MAI LANG AI GINSIM GABA GALO NA LADAT

1.Gat yi gat la wali shalun na hte gat tsip galo ginsip a lam

Shara makau mayan amyu myu re hpun tu, hka-shi gasha nga re rai nna jan lam hkra re shara ko gat du shalat la, gaja ai gat hpung shalat la rai na. Ginsim a masat shadang go, ginsim gade daram gaba na go ja gumhpro lu lom lam hta hkan nna galo ra ai.

(1) Ginsim gaba a madung do. Ahkren n chya ai bo ako rai hte ahku gaji ai saidong shingwang hte chyip chyip di galo la ai ga yan galu hkrang hpri saidong shingwang ka re, galu de mida 12, dam de mida 3, tso de mida 2.6 daram rai ra ai, shi a akyu go gat yi gat la ndai ko wali shalun na, wali shalun ai hking go atong hkrang wali shalun nshung shalai hkang hku galo la ai re, ndai hku galo yang, lagat pyen pru mat wan a hpe lu htang kau nga ai, ayu e gatshang hpe lagu rim sha kau ai lam maja ton nga ai, dai hta n–ga nbung nsa atsom lu jahkon ai.

(2) Ginsim shinggan na hte. Hpri saidong hking a hkungsinjon mmahka hte shinggan na hkungsinjon shakum ni re, hkungsinjon shakum go yon galu hkrang hpri saidong hking a lapran hta mida laman 70 re dinlum hkrang lai lam galo da na, dai hte yan galu hkrang hpri saidong shingwang shinggan ma- hkra hpe galo shinggrup ton na.yan galu hkrang hpri saidong hking, hkungsinjon shakum na pru shang lam go, mida 1.5 daram rai nna, hpri sharo rong ai shingtai htang chyinghka bang yang grau mai ai, shi a akyu go, shinggan na gahtet gatsi lam lai shai wa jang, hkungsin jon shakum ntsa ko mai hkayom kau nna shayu dat re bala satik hte jan shingga shingwang rai dagro magap ai (gahtet gatsi shadang tso jang go hkayom kau dat, gahtet gatsi shadang nyem jang go mai hpran shayu dat re rai nna ginsim gata gahtet gatsi shadang hte nbung nsa hkrang shadang mai sharai sharam nna, nbung shingga, marang shingpyi re akyu rong nga ai).

(3) Ginsim ntsa. Ginsim ntsa hpe go shadang 110 daram re rai nna mayu e galo lang ai bo hkrang ginsim rai nna ntsa ko shi myen wa shing n rai nsam rong kagam hte jan lago mai hkrang ai kagam hte gayau gaya di mai galup magap ai, ginsim ntsa do hte hpri saidong shingwang a lapran na tso shadang go mida laman 60 daram rai ra ai, shimyen wa hte nsam roing kagam hpe hkungsinjon ko nna mida laman 40 daram galu jan hkra galup mara ra ai, hkungsin jon shakum a tso shadang hta mida laman 30 daram no tso ra ai, ahking hpe gang hkrang galo tim mai nna ahpun hkrang galo tim mai ai, shi a akyu go wali shalun ginsim gana ko dumbru dumbra re jan lago htong hkra nna,shani gaang ajan lago ading sha htong hkra na hpe htang maja kau lu, ahkyen tong gyona re ni hpe mung lu htang kau nga ai.

（4）Ginsip gata na aga do. Hkungsinjon shakum pot ko nna mida 1 daram gang ai shara hte ginsim gata ma–hkra ko pyilat ga hte gsalo kau na, pyilat ga gaangn de loi tso nna makau gade nde go loi nyem ai hku galo na, shaloi she ahka atsom lu shalui shapro kau ai.

Galo du ra ai lam go: Ginsim gata asana wan rai nna nbung nsa hkrang, shani tup ajan lago dumbru dumbra rai htong hkra, gahtet gatsi shadang golaman

17–25 dartam, ramdo hku bam madi, shatav10–11 hta go gat yi gat la ni wali shalun na matu re, shata 3–5 hta go gat du hpe atsip galo shangun, gaja ai lagat hpung shalat shapro na matu re.

Ginsim galo lang ngau ni go: Shimyen wa, nsam rong kahgam, tu san hpan kagam, hkungsinjon, palasatik, jan shingga shingwang, nhkran n sha ai bo hpri gaji hpan saidong shingwang, gang ngau, shing n rai, kawa hpun ngau, hpun sadek, hpun gumdin tong,kawa tong,maisau tong re amyu my gat tsip galo gok hte ginsim galo yang na lang ngau ni rai nga ai.

Ginsim gata na jak rai ni go: Hkunhkro ai hte bam madi shadang jep ai shadon set, gahtet gatsi shadang shadon set, lusha ton jo shara, ndum hkrang wali shalun nshung shalai hking re ni rai nga ai.

Gat yi gat la ni a wali shalun ginsim galo na aten go: gat hpung ni manang tam mayu nna pyen gamong na shong e re, Sakhkung mungdo hta go shata 9 pro do de glo yang mai ai.

2.Gat du nshung shalai ginsim a lam

Shara: Gatsi pyo nna bam madi ai hkaro nhkap ko gat du nshung shalai ginsim galo yang mai ai.

Gat du ginsip a galo ladat hpe gat yi gat la wali shalun nshung shalai ginsim galo ai hte ganoi maren sha re, n bung ai shara go: Nambat 1, hkungsinjon shakum ntsa mida 1 daram tso ai shara ko na hkungsinjon tsang lahkong hpe ahku mu na hta lai nna, gaga ni go ahku n mu na hku hkum kau ra ai. Nambat 2, ginsim ntsa ko shimyen wam nsam rong kagam hte galup magap kau na, shimyen wa nsam rong kagam hte saidong gaji shingwang hte hkungsinjon a tso de mida laman 30 hte mida laman 20 ra ra ai, shi a akyu go gahtet gatsi shadang nyem,jan lago n htong hkra, azim sha nga, nsa hkrang nna nbung n mai shalot ai.Gahtet gatsi shadang hpe laman 5–18 a lapran hta tek sharam ton ya nna, bam shadang hpe mung 75% daram hta sharam ton ya ra ai.

DO GABA 3 TSIP GOK A HKRANG

1.Nambat langai hkrang gat du tsip gok galo na ladat (Lusha shara hte tsip shara n garan na)

Asat lahkam lam 1. Hpunpyen 6 hkyem ton, dai hpe galu, dam, tso re hpe mida laman 16 re hpun sadek galo la na.

Asat lahkam lam 2. Hpun sadek a man maga de na hpun pyen lawu yang na gang yang hta,dam de mida laman 8, tso de mida laman 4 re hkawak hkrang ahku jahku ton na, dip gap sanat hte hpyi gaji saidong shingwang hte ahku dai ko gap shakap ton na, dai ahku ko magap ton ai hpyi gaji saidong shingwang hpe dinghkren do mida laman 1.5 re ahku gasha 3 rep jahku ton na, ndai go haoshin 15 re tsi htu hkailong 3 shon bang na ahku re, tsi htu hkailong langai mi ko go lagat jahku bang, langai mi ko go shingtai gasha ni bang na, bai nna langai mi ko bai rai jang go ntsin bang na, ndai hku nna gat du hpe gat tsip galo gok de bang dat ai ahku mung re.

Asat lahkam lam 3. Hpun sadek man gade nde na hpunpyen lahta gang yang, dat zingret hte sung de mida laman 2.5, dam de mida laman 2.5 re ahku wak galo ton na, wak ko dinghkren shadang mida laman 2 daram re gat du tsip galo na hpun lakying shing nrai shingna bang mara ton ya na, dai hpang ko kumpa hte bai magap kau na.

Asat lahkam lam 4. N–gun ja dik ai dip shakap jak hte marau hpunhpyi re ni tsip galo ngau rai ni hpe hpun sadek gata maga ko dit shakap ton na, hpunpyen lapran hkan asan re aga hte chya gumpak kau na

Asat lahkam lam 5. Yu maram manu na matu,hpun sadek gata na tsi galo gok a gata maga de hpunpyen n lang ai sha, n–gun ja ai bo dik shakap jak hte saidong shingwang dip shakap ton di na, tsip galo gok hpe chyip chyip di galo magap kau na.

2. Nambat lahkong hkrang, gat du tsip gok galo ladat (Lusha jo shara hte tsip hpe garan kau nna, gaga ga di galo na)

Asat lahkam lam 1. Hpunpyen 6 hkyem ton, shing rai galu, dam, tso re ni hpe mids laman 16 daram ram re hpun sadek galo la na.

Asat lahkam lam 2. Hpun sadek man maga de na hpunpyen gang yang, dat zingret hte dinghkren shadang mida laman 2.5 daram re ahku dindin re langai mi ret jahku ton nna, ahku dai a makau ko dinghkren shadang mida 7 daram, galu de mida 10 daram re noikret pa, shing n rai hpri saidong dindin re hkailong hkrang shing n rai dumba hkrang zon re lusha jo shara galo la na, dai ko hpri saidong rep ai bo hte dinghkren shadang mida laman 1.5 re dindin re ai ahku 3 rep wo na, ndai go hkaushin 15 re tsi htu hkailong shon bang na ahku re, nambat 1 tsi htu hkailong ko go lagat jahku bang na, nambat 2 tsi htu hkailong ka go shingtai gasha bang na, nambat 3 ngu na tsi htu hkailong ko go, ntsin bang na, marau hpunhpyi zon re e tsip galo lang ngau rai ni hpe gohpri gaji hpan saidong shingwang ko sha bshakap ton na, ahku ndai hku nna go gat du hpe gat tsip galo gok de bang dat ai ahku mung rai nga ai.

Asat lahkam lam 3. Hpun sadek man maga gade nde na hpunpyen lahta yang na gang ko dat zingret hte sung de mida laman 2.5, dam de mida laman 2.5 re hkawk langai mi galo na, hkawak ko e dinghkren shadang mida laman 2 daram re gat du tsip galo na hpun lakying shing n rai shingna shon bang ton na, shingrai aga hte dai hkawak hpe chya magap kau di na.

Asat lahkam lam 4. N–gun ja ai bo dik shakap jak hte mmarau hpunhpyi zon re tsip galo lang ngau rai ni hpe e gata maga hpun sadek shakum ko dip shakap ton na, dai hpang sadek ahku hkan chya matsut kau rai na.

Asat lahkam lam 5. Yu maram manu na matu, hpun sadek htumpa maga de hpunhpyen n lang ai sha, n–gun ja ai bo dik shakap jak hte e gaji hkrang saidong shingwang dip shakap jang rai sai, dai hpe atsip galo gok hpe la shachyik kau na,

Gat du tsip galo gok, hpuntong, kawa tong, maisau tong re ni hte mai galo la ai.

DO GABA 4 NSHUNG SHALI GOK A HKRANG

1.Hpuntong chyaso shing nrai maisau tong nshung shalai gok

Asat lahkam lam 1. Galu de mida laman 30–100, dinghkren shadang mida laman 30–90, htat de mida laman 3.5 re rai nna gata de hpungkro hpunhpyi kap re hpun chyaso tong hpe nshung shalai gok mai galo ya ai. Dai nshung shalai gok hpe e nshung shalai ginsim gata na mida laman 50 daram tso ai, shara hkan mai mara ton ai.

Asat lahkam lam 2. Hpun chyaso tong hte galo ai nshung shalai gok ko loi shaman ton nna loi bam, grai sanseng, ana n kap numshu lamu n tu re loi htat ai hpunhpyi, hpun chyaso, hkrop ai bo hpunhkyep ni lo bang ton ya na, hpun chyaso tong a gade nde maga de dinghkren shadang mida laman chyen mi daram sha re ahku hku ai hpunpyen pa hte magap kau na, ahku gasha dai go nsa hkrang na matu re, hpunhpyi tong ni go nshung shalai gat du hpe kap nga shangun na matu re, hpunhpyen pa magap ko dinghkren shadang mida laman 3 daram re ahku jahku ton nna shinggan de ako pa shingwang, shing n rai hpri saidong shingwang hte galo la ai din lum hkrang, shing n rai dumba hkrang ahking galo bang ton na, dai ntsa ko haushin 15 daram re tsihtu hkailong shon bang ton na, ndai go gat du hpe bang dat, lagat jahku ahka bang jo, nshung ta lai ai hpang gat du hpe shaman rai na matu rai nga ai.

Asat lahkam lam 3. Hpun chyaso tong hte nshung shalai gok hpe go shado hkrang wali shalun nshung shalai hking ko mara ton na, wali shalun la sai gat du go dumba hkrang lai lam hku nna hpun chyaso tong nshung shalai gok de shang sa nna hpunpyen chyahkro hkan kap nga nna nshung shalai wa sai.

2.Hpun sadek hkrang nshung shalai gok

Hpun sadek hkrang nshung shalai gok go galu de mida laman 100, dam de mida laman 60, tso de mida laman 60 di nna, hpun sadek gata ko e hpunpyen zon re bang ya nna gat du hpe kap shangun nna nshung shalai na hku galo ya na, nshung shalai hpun sadek hpe go shado hkrang wali shalun nshung shalai hking ko mara ton na, sadek gang ko pru shang ahku langai

mi jahku ton ya na, ahku dai hpe go dumba masen
hkrang zon di galo nna, ndai zon re ahku a akyu go, gat
du wali shalun la nna hpun sadek de shang wan alam
re, gat du dai hpe sha n mai pru wa shangun ai, nshung
shalai ten hta jan shingga shingwang hte magap kau ya
ra ai.

DO GABA 5   GAT SHANG REM YANG LANG RA AI HKING HTE NGAU

1.Lagat htang palong, gat htot nka, bo datmyi.

2.N–gun ja ai bo dik shakap jak (madin zheng sanat), dat layit, dat zingret, nhtu, zingret re ni.

3.Pala satik, jan shingga shingwang, hpri saidong gaji shingwang, palasatik ako pa, gang hkailong , jut rong gang, kawa pye, shimyen wa re ni.

4.Ta chyenan,gahtet gatsi sharam sadek; lagyi sadek; gahtet gatsi shadon set,bam shadang shadon set, wanpu re ni.

DO GABA 6   GAT SHANG REM YANG SADI RA AI LAM

1.Ahkum chye aron ai ni gat shang n mai rem ai.

2.Gat shang rem ai wunli lam atsom chye makop ra nna wunli makop ladat chye ra ai, gat shang htim yang lang ra ai gat shang htang palong ni lu ra ai.

3.Madu rem ai gat shang hpe gaga masha hte dusat ni hpe htim na lam n mai byin shangun ai.

4.Asat lahkam shagu na shingra sanseng lam galo du ra ai, ana npot lom ai lam n mai nga ai, lusha rai agatsing sha re rai ra ai.

DO GABA 7   GAT SHANG A PRA HKRUNG LAI KYANG

Gat shang go aga ko atsip shong galo ai, dai hpang ahpun lakying ko bai htot la na, lagat jahku, hkaton, hkakrik re dihpro dat n–gun rong ai shingtai, gatnyeng, nampan ntsin, hpunno hte hpyin–go, mago si, sabyi si zon re ahtang hte wuisinsu lo ai namsi namso ni hpe lusha rai ni shatai nga ai. Sakhkung ga hta go shata 11 pro do hta lagat ni manang tam pyen gamong wali shalun rai nga ai, dai hpang go nshung shalai bang wa sai, hpang shaning na shata 2 shagong do hta go nshung shalai ai lam ngut sai, shata 2 si do hte shata 3 pro do hta go atsip galo, adi di, bungli galo lagat shalat rai, shata 4 pro do hta go bungli galo ai nnan hpung lagat hpung shalat shapro lu sai, shata 4 shagong do ko nna asi di hta go gaja ai lagat hpung lu shabyin la sai.

1. Hpaji ladat hku gatshang yo rem na ginsim gaba, nshung shalai gok hte tsip galo gok galo ladat.

(1) Ginsim gaba go gatshang hpe nbung marang shingpyi, shani gaang na ajan lam gaten hkra ai hpe htang kau ya lu nga ai, nshung shalai gok, atsip galo gok re ni go gat du hpe alum ala re buhpun jahpun ya ai hte bung nga ai. Ginsim gaba, nshung shalai gok, tsip galo gok re ni galo ya ai go, shinggan na gahtet gatsi shadang hte bam shadang tso wa, shing n rai nyem mat wa re masa byin tim, ginsim gata na nshung shalai gok hte tsip galo gok na gat du hpe n wa–hkye hkra na matu rai nga ai, ndai zon re shara go gahtet gatsi shadang hte bam shadang nau n shai nna, gat du nan ra sharong ai shara mung rai nga ai.

(2) Gat shang madu hkum ahkum shalom la ai lam hta grai yak nga ai, ahkum a gahtet gatsi shadang shinggan grupyin makau a majo gahtet gatsi shadang bai shai wa ai majo, grai chye wa–hkye hkra nga ai, shinggan hkan na gahtet gatsi shadang agajong sha tso jat wa na hte agajong sha nyem mat wa re lam hpe grai hkrit nga ai, dai majo masha e nan gat shang ni hpe gahtet gatsi sharam ya ra nga ai, nau gahtet shing nrai nau gatsi mat jang go gat shang ni che si mat ai. Nsa a bam shadang nau nyem mat jang go, gat sha ahkum

na akop lam na ahka ni chye rot mong mat ai majo gashung nna chye si mat ai.

(3) Ginra n bung, panglai hkrat yu shadang n bung, shingra n bung re hkan gat shang rem yang, lahta ko gat shang pra hkrung lai kyang ni hta hkan nna gat shang hte htuk ai ginsim gaba, nshung shalai gok, atsip galo gok re ni galo ton ya ra ai.

2. Gat shang wali shalun, nshung shalai, atsip galo, shadang du ai gat hpung rem shalat na lakung lama ni

(1) Gat yi gat la ni wali shalun na lakung lama: Ginsim gata hta nbung nsa atsom hkrang, nbung nsa sanseng,jan lago shi rai htong hkra, yanghkyi nsa lo; ginsim gata na gahtet gatsi shadang hpe e laman 18–28 a lapran hta sharam ton ya ra ai; ginsim gata na bam shadang hpe 75% daram jo sharam ton na; ginsim gata na jo ai lusha ni yong go agatsing sha re rai ra ai, lagat jahku go nam na lagat jahku rai ra ai. bum na san tsom ntsin, myin sai hpyinko si, atsi n rong asau n rong ai amyu myu re agatsing sha re shanzin ni rai ra ai.

(2) Gat du nshung shalai na lakung lama: Ginsim gata hta nsa hkrang nna nbung mai shalot ai, nbung nsa sanseng, ajan lago htong hkra, yanghkyi nsa nyem

ra ai. Ginsim gata na gahtet gatsi shadang hpe laman 0–18 a lapran hta sharam ton ya na. Ginsim gata na bam shadang hpe 75% daram hta sharam ton na. Gat du nshung shalai ai ten laman hta, lu sha n mai jo ai.

(3) Gat du hpe shalen nna atsip galo shangun lu na lakung lama: Ginsim gata ko nbung nsa hkrang, dumbru dumbra re jan lago htong hkra, nsa sanseng, yanghkyi nsa lo, ginsim gata na gahtet gatsi shadang hpe e laman 20–28 a lapran ko sharam ton ya na, ginsim gata na bam shadang hpe e 75% daram hta sharam ton ra ai, tsip galo gok ko jo sha ai lusha ni mung ma–hkra ni agatsing sha re hkrai rai ra ai, nam na lagat jahku, bum na san tsom ntsin, myin sai hpyingo si, amyu myu re shingtai shingko, atsi n rong asau n sau ai bo amyu myu re shanzin ni rai na, tsip galo gok hta lang ai lang ngau rai ni go loin gang ja ai hpunhpyi ni rai ra ai.

(4) Shadang du ai gat hpung rem shapro na lakung lama: Ginsim gata ko nbung nsa hkrang, jan lago htong hkra, nsa sanseng, yanghkyi nsa lo, ginsim gata na gahtet gatsi shadang hpe e laman 20–28 a lapran ko sharam ton ya na, ginsim gata na bam shadang hpe

e 75% daram hta sharam ton ra ai, tsip galo gok ko jo sha ai lusha ni mung ma—hkra ni agatsing sha re hkrai rai ra ai, nam na lagat jahku, bum na san tsom ntsin, myin sai hpyinko si, amyu myu re shingtai shingko, atsi n rong asau n sau ai bo amyu myu re shanzin ni rai na, tsip galo gok hta lang ai lang ngau rai ni go loi ngang ja ai hpunhpyi ni rai ra ai.

3. Hpaji ladat hku gat shang rem na ginsim a hkrang hte hpyi shon lam(amyu myu re ladat hku mai lang ai bo ginsim)

(1) Shakum galo na lam: Shakum hpe hkungsin jon hte galo na, galu de mida 2, dam de mida 6, tso de mida 2.5 re rai na, hkungsin jon shakum hpe tso de mida 1 hte 2 ra rai yang nsa hkrang na hku yan 2 galo bang ra ai, pru shang lam 3 hpe shakum maga de galo bang ton na.

(2) Npot do hte aga galo na lam: Hkungsinjon shakum npot ko nna mida laman 20 daram ko nna sung de mida laman 25, dam de mida laman 30 re lahkong hkrum pyilatga hka la gasha galo bang kau ra ai, dai ko hka shalui bang ton na, hkungsinjon shakum galu de na aga ni hpe go gang de loi tso, makau gade nde

nna loi nyem nna loi bai madi na hku galo na, shakum lahkong chyen de na shakum pot ko hka shalui ahku mung galo bang ton ra ai.

(3)Yan galu hkrang hpri saidong shingwang galo na lam: Ahkren n sha ai hpan hpri saidong shingwang hpe galu de mida laman 10, dam de mida laman 3, tso de mida laman 2 di shakum gata na ginsim hkrang ni hpe kum shing grup kau na, shakum hte hpri saidong shingwang a lapran mida 1.5 daram din hkat ai lai lam langai galo ton na.

(4) Wali shalun na hte nshung shalai na lam: Hpri saidong shingwang gata na mida 5 daram hta, lahkong maga de galu de mida laman 1.5 daram shagang ton nna, dai hpe hpri saidong gata ko galu de mida 3 hpe gang shara galo da na, ndai hpe go gat du a nshung shalai gok shatai na. nshung shalai gok ko galu de mida 3.5 re gok gasha lahkong galo kau na, dai gok ko go gat yi gat la wali shalun gok shatai na. pru shang shara hpe e jut lahkong de bang ton na.

(5) Shadang du ai gat hpung rem shapro na lam: Gat yi gat la wali shalun ngut ai hpang, wali shalun gok hpe asan di kau nna ana sat lajang kau nna, dai

ko gat tsip galo gok galo kau na, shing rai gat du hpe tsip galo shangun, shadang du ai gat hpung rem shapro shangun na.

(6) Ginsim gaba a ntsa do galo na lam: Hkungsin jon shakum hte hpri saidong shingwang a ntsa yang, shimyen wa, shing n rai nsam sup kagam hte Miwa laika si "人" a hkrang kumla hku galo na, ginsim tso yang go hpri saidong hte mida laman 60 daram gang hkat ra ai, shimyen wa, shing n rai nsam sup kagam hte hkungsinjon shakum ntsa yang mida 40 daram gang hkat ra ai, shimyen wa, shing n rai nsam sup kagam hpe hkungsinjon shakum hta mida 50 daram galu jan ra ai.

(7)Shimyen wa shing n rai nsam rong ai bo kagam a lam: Ginsim gata na gat du a nshung shalai gok ntsa hta go shimyen wa shing n rai nsam rong kagam hte galup magap kau na, ginsim lahkong maga de na gat yi gat la wali shalun gok a ntsa ko go shimyen wa pa lahkong shing n rai nsam rong kagam hte galup magap nna janlago htong hkra ai kagam langai mi galup ton di na.

(8)Makau grup yin na ginra a lam: Ginsim galo

shara hta go nbung nsa hkrang, jan lago htong hkra, nsa hkrang, ana n nga, nbung nsa sanseng re bum maling hkan galo ra ai, dai hta n–ga masha, nga, wa,bainam, u re ni hkyi hte manam shagram nga ai shara ni hte tsan gang hkat ra ai.

(9)Hpaji ladat: Hpaji masha ni ginsim de shang sa na shong e, madu hkum a sanseng lam galo gaja ra ai, malut bat re ni n mai manam hkra ai, gaga masha ni go ginsim gata de n mai shang ai.

4.Hpaji ladat hte gat shang wali shalun hking galo na lam

(1) Hpuntong hkro ko walo shalun na hte nshung shalai na hking rai

Tong hkrang wali shalun na hte nshung shalai hkrang go din lum hkrang wali shalun shara, din masen hkrang lai lam shara, nshung shalai gok re ni lom nga ai.

Din lum hkrang wali shalun shara: ndai hpe go hpri saidong shing n rai noikret ko shingwang hte dinghkren shadang mida laman 100 (cm), tso de mida laman lo re din hkrang hte galo la ai re, dai hkrang gata mida 25 re tso ai shara hta dinghkren shadang mida 100 re hpri saidong shingwang shing n rai noikret shingwang loi mi jat bang na, din lum hkrang a ntsa ko go hpri saidong shingwang hte din masen hkrang lai lam n rong ai, atong hkrang mida limi 30 daram re tso ao shara na maku ntsa hta hkalap lahkong shong e kau ra ai, wali shalun hkat nga ai lagat yen hpe go hkalap ndai hku nna gata de tagot bang dat na.

Din sen hkrang lai lam shara: Ndai hpe noikret pa shingwang hte dinsen hkrang hku galo la na, ndai hpe go din lum hkrang wali shalun shara hte nshung shalai gok hpe matut dat na shinggan ntsa hkan go sumpan hte gayop magap kau na, ndai ahku go, lagat ni wali shalun ngut ai hte gat du ndai hku nna nshung shalai gok de hkom shang wa nna nshung shalai na hku re.

Nshung shalai gok: Hpuntong, maisau tong, hpun sadek re ni hte nshung shalai gok ni shatai ai, dai ni hpe e din sen hkrang lai lam shara a ntsa ko galo ton na, ndai hpe htot shamot ai lapran hpe din lum hkrang hku galo na, wali shalun shara makau grup yin na labra hku galo ton ai, din sen (hkrang shing nrai wa ai bo) lai lam hpe e gat du nshung shalai gok a pru shang lam ko matut bang ton na.

Wali shalun shangun na ladat: Ginsim gata ko wali shalun nga ai lagat hpe azum azum di nna hkalap hku wali shalun gok de tagot bang dat na,wali shalun ngut ai hpang go, gat du dai dinsen hkrang lai lam hku nna nshung shalai gok de shang wa shangun nna nshung wa shalai shangun na, nshung shalai gok langai mi hta go gat du 200 daram sha mai bang ai, nshang ai hpe nshung shalai gok gaga de bai bang la na, wali shalun ngut ai hpang, lusha n lu ai majo, gat du ni go gaungui rai chye si mai ai,si mat ai gat la ni hpe hta la nna lam jahkro kau na.

(2)Lai lam hkrang gat yi gat la wali shalun hking hte wali shalun shangun na ladat

Lai lam hkrang gat yi gat la wali shalun hking: Ndai hpe wali shalun shara hte nshung shalai shara ginhka ton ai hpri saidong shingwang shing n rai noikret pa shingwang a aga hte mida laman 1.5 daram re shara ko dinghkren shadang mida laman 30 re din hkrang lai lam galo ton ra ai, din hkrang lai lam ko dinghkren shadang mida laman 30 re din lum hkrang hpri saidong shing n rai noikret pa shingwang lai lam galo ton na, lai lam dai hpe go nshung shalai gok gayop ton ai hpri saidong shingwang shing n rai noikret pa shingwang gata de matut bang dat na, hpri saidong shingwang shing n rai noikret pa shingwang a lai lam ahku hpe lagat langai mi sha lu pru shang na made gaba jang rai sai.

Gat yi gat la ni wali shalun nga ai shaloi, layit hkrang gat latot hking hte lagat yen hpe azum azum di tagot la nna layit hkrang ko mara ton nna gat yi gat la wali shalun gok de n alai lam ko bang dat na, shaloi gat yi gat la ni go dai ko apyo sha rai wali mai shalun hkat sai, wali shalun ngut ai hpang, gat la go shingwang ahku hku nna hkom pru war a ai, gat yi bai rai jang go nshung shalai gok hpe gayop ton ai hpri saidong shingwang shing nrai noikret pa shingwang gata hku nna dumba hkrang lai lam hku nna nshung shalai gok de shang sa nna nshung shalai na hkyem bang wa sai.

5.Hpaji ladat hku gat shang rem yang na gat shang nshung shalai hking galo na lam

(1)Ningsingn manam ai hpuntong, maisau tong, sadek, hpro tsop sadek re ni hpe nshuing shalai gok mai galo ai.

(2)Hpuntong hte mai sau tong ai htat de mida

laman 2.5 daram rai nna gata na dinghkren shadang limi 20–45 (cm)daram rai ra ai.

(3)Hpuntong, maisau tong, sadek, hpro tsop sadek zon re hte galo la ai nshung shalai gok go gata ko nna ntsa du hkra hpunpye gasha hte hpunhpyi ni lam lahkong masaum bang ra ai, lapran hte lam a lapran gat du lu shang, lu apa nga na daram rai ra ai, gat du shada lapran gang hkat ai lam n bung hkat nga ai.

(4)Atong nhkrang wali shalun nshung shalai hking shataoi ai hpuntong, maisau tong, sadek, hpro tsop sadek re ni nshung shalai gok htumpa de limi 3(cm) daram re ai pru shang lam hte lawu na dumba hkrang, pru shang lam gaji ni hpe matut ton ra ai, dumba hkrang pru shang lam gaba ai maga de go atong hkrang wali shalun shara de matut ton na, wali shalun la ngut ai lagat du go lam gaji maga hku nna nshung shalai gok de shang wa ai re, nshung shalai gok langai mi hta gat du 200–500 wali shalun la ngut ai gat du ni nshung shalai mai ai, ningshung shalai gok hpe aga hte limi 65 daram tso ai labrang ko ton da na.

(5)Alam hkrang wali shalun nshung shalai hking shatai ai hpun tong, maisau tong, sadek hpro tsop re nshung shalai gok a man maga de dumba hkrang zon re nna gata maga de go hkyuok ra ai, dumba hkrang a ahku hpe aman de shaang nna, dumba gaji hkrang maga hpe gata de shayon na,dumba gaba hkrang a hku hte dumba gaji hkrang a ahku hkan gat du lu pru shang hkom na hku loi jahku ton ya ra ai, ahku dai ni hpe go gat du lu pru shang na daram rai ra ai, nshung shalai gok hpe aga hte limi 65 daram tso ai hpri labrang jo ton da ra ai, dai hpang hpri saidong shingwang shing n rai noikret shingwang hte htup gayop kau ra ai, hpri saidong shingwang hte noikret pa shingwang a hku ni hta go bungli galo lagat, gatla ni lu pru shang na daram re ahku rai ra ai.

(6)Gat yi gat la wali shalun ai gat du nshung shalai gok hking kum ai hpri saidong shingwang shing n rai noikret pa shingwang gata ko gayop shalom kau ra ai, gat yi gat la wali shalun lai lam rai nga ai nshung shalai gok a dinghkren shadang limi 20 daram rai nna,Hnoikret pa shingwang a dinghkren shadang go gat la mai gano shang wa nna gat yi n lu gano pru wan a hku galo na, gatyi gat la wali shalun lam hpe wali shalun shara hta na dinghkren shadang limi 30 daram rai ra ai,Hnoikret pa shingwang a ahku dinghkren shadang go gat la hte gat du n lu gano pru na daram rai ra ai.

6. Hpaji ladat hku gat shang tsip nka hking a lam

(1) Abat n manam ai hpun sadek, hpun tong, maisau tong re ni hpe atsip galo gok mai galo ai.

(2) Hpuntong hte maisau tong a htumpa de go limi 2 daram ran ra ai, gata na dinghkren shadang limi 13 daram, galu de limi 11 daram rai ra ai, sadek htumpa de limi 2 daram, gata na galu hte dam de limi 12 daram rai ra ai.

(3) Hpuntong hte maisau tong a htat de limi 2 daram rai nna, gata na dinghkren shadang go limi 13 daram rai ra ai, galu de limi 11 daram rai ra ai, sadek htumpa de limi 2, gata na galu de go limi 12 daram, gata na tso de go limi 10 daram rai ra ai.

SHADAN SHALOM :

GAT SHANG WAHPUNG BYIN WA AI LAM HTE MASA

1.Shata 4–9 hta lagat hpung ni manang tam nna pyen gamong wa sai, gat du langai sha lom nna, aten laman n bung nna gaba wa ai lagat put, gat di hte bungli galo lagat ni nga sai.

2.Shata 9–11 hta go gat hpung ni manang tam ai hpang, gat hpung ni hta gat du, bungli galo lagat, gat yi, gat la ni nga sai.

3.Gat du, bungli galo lagat, gat yi, gat la nio, n bung ai aten laman hta nga wa ai gat yi, gat la, pyen gamong wali shalun ten hta nga ai, Sakhkung ga hta go shata 9–12 hta gat ni pyen gamong sai, ndai hpe shawa masha ni go lagat mana sai, lagat ni mong hkuyem sai, lagat ni gatu sai nga nna tsun ma ai.

4.Gat du, bungli galo lagat, gat yi, gat la ni a ninghkum lam 2 go: ahkrang n bung ai, gat la a chyingngo ko na ai bo aju balen n tu ai, masha hpe n chye htim ai,n chye na ai, shi go gat tsip ko sha akap nga ai, gat tsip mung n galo ai, shi a akyu go gat yi hte wali shalun hkat na matu re,

5.Gat du, bungli galo lagat, gat yi, gat la ni a nbung hkat ai lam 3 go:ahkrang n bung ai, gat yi a nrung go loi magyi ai, gatu wa ai shaloi go ahkum asan sha rai ai. Nsam asan sha chye rai ai, ahkum go bungli galo lagat hta loi gaba ai.

SAKHKUNG MUNG DO HTA LANING MI NA GAT SHANG NI A
MASA HTE SHABYIN AI LAM

Aten (shata)	Masa hte shadang	Gat du	Bungli galo gat	Gat la	Gat yi
Shata1	Nshung shalai gat du 1 nga ai.	√			
Shata2	Nshung shalai gat du 1 nga nna nshung shalai lam ngut wa sai.	√			
Shata3	Gat du 1 nga nna nshung shalai shara ko nna hkom pru wa sai, lusha tam, gattsip galo shara tam, atsip pa langai galo hkyem wa, adi hpung 1, 2 ,3 di hpang,bungli galo lagat 3 daram nga ai, gatput ko nna gat sha tai wa, bungli galo lagat 3-5 daram kro pru wa ra ai.	√	√ Nambat langai hpung bungli galo lagat go ahkum grai gaji ai	√	
Shata4	Gat du 1, gat pa 3, adi 60 jan, gatput hte gat sha ni nambathpung 2 ngu na bungli galo lagat 150 daram kro pru wa ra ai.	√	√		
Shata 5-9	Adi di ai gat du1,gat pa 4-9,adi 1000 lam,aten n bung ai laman gaba wa ai gatdu,gatsha ni, nambat 2 lang hpung bungli galo lagat nga nna, lu sha tam, gat sha hte gat du hpe bau rem,byin jang go gat hpung ni grai lo wa chye ai, aga hpai,tsip galo,zanzari zong,gat du go adi di.	√	√		

Aten (shata)	Masa hte shadang	Gat du	Bungli galo lagat	Gat la	Gat yi
Shata 10-11	Adi di ai gat du,gat pa 4-9, adi go hkying lam, aten nbung ai shaloi gaba wa ai gatput, gat sha ni mung hkying lam, nambat 3-8 lang bungli galo lagat go lusha tam, gat sha hte gat du hpe lu bau rem,kro pru wa ai 2500 daram re gat la ni go gat tsip pa ko kap shajang sai, gat yi hte gat la ni a tsip ko nna pyan pru mat wa nnam makau hkan pyen gamong hkom sai, wali shalun ten rai sai. lagat wahpung ni aga hpai, atsip galo re lam loi yom mat sai, gat pung ni manang tam, wali shalun la, wali shalun yu sai gat du go nshung shalai bang wa sai.	√ Ahkum grau gaba nna atsip ko sha rong nga ai	√ Ahkrang nau n gaba nna masha hpe chye htim chye na ai	√ Ahkra-ng loi gaji , balen n rong ai n chye na ai, gatu wa ten hta ahkum atu asan re ai	√ Ahkrang loi gaba , balen rong tim masha hpe shi hku nna n chye na ai, wali shalun la ai hpang go gat du byin tai sai
Shata 12	Gat du shi hkrai si mat ai,bungli galo gat ni mung nam de chye sa si mat ai,wali shalun la ai gat yi go gat du nnan bai byin tai sai, nam maling de pyen sa nna hpun hku, ga hku, nlung hku re nshung shalai shara sa tam hkom sai, wali shalun yu sai gat la go nam hkan shi hkrai si mat chye ai.	√			
	" √ "go gat du, bungli galo gat,gat yi, gat la ni nga ai ten re.				

图书在版编目（CTP）数据

土蜂养殖技术：中文、景颇文 / 郭云胶，龚济达著；董麻桑译.
-- 芒市：德宏民族出版社，2018.7

ISBN 978-7-5558-0966-1

Ⅰ.①土… Ⅱ.①郭… ②龚…③董… Ⅲ.①养蜂—
汉语、景颇语 Ⅳ.①S89

中国版本图书馆 CIP 数据核字 (2018) 第 160823 号

书　　　名：	土蜂养殖技术：中文、景颇文			
作　　　者：	郭云胶 龚济达 著 董麻桑 译			
出版·发行	德宏民族出版社	责任编辑	排 英	
社　　址	云南省德宏州芒市勇罕街 1 号	责任校对	毕 兰 马彩英	
邮　　编	678400	封面设计	刘双秀	
总编室电话	0692-2124877	发行部电话	0692-2112886	
汉文编室	0692-2111881	民文编室	0692-2113131	
电子邮件	dmpress @ 163.com	网　　址	www.dmpress.cn	
印　刷　厂	云南民族印刷厂			
开　　本	889mm×1194mm　1/32	版　　次	2018 年 7 月第 1 版	
印　　张	3.25	印　　次	2018 年 7 月第 1 次	
字　　数	66.5 千字	印　　数	1-5000 册	
书　　号	ISBN 978-7-5558-0966-1	定　　价	25.00 元	

如出现印刷、装订错误，请与承印厂联系调换事宜。印刷厂联系电话：0871-65327463